北京蝴蝶

Handbook for Watching Butterfly in Beijing

观赏手册

张 智 吴洪安 张云慧 贾方 主编

中国农业出版社
北京

1.张智　博士，毕业于中国农业科学院研究生院，现在北京市植物保护站工作，正高级农艺师，主要从事病虫害监测预警工作，在昆虫雷达监测、害虫识别等方面具有丰富经验。

2.吴洪安　毕业于首都师范大学生物系，在延庆第一职业学校工作。爱好观蝶、捕蝶、制作标本，十余年收集延庆地区蝴蝶标本130余种，此书中所列之标本照片多取自其中。

3.张云慧　博士，副研究员，中国植保学会植保信息技术专业委员会副主任委员兼秘书长，中国植物保护学会病虫测报专业委员会副主任委员，国家现代农业产业技术体系小麦地上虫害防控岗位专家。先后主持国家自然科学基金3项，承担国家"973"计划项目1项，公益性行业科研专项3项，"十二五"国家科技支撑项目2项，"十三五"国家科技攻关项目2项。主要从事黏虫、草地贪夜蛾、草地螟等重大迁飞性害虫的监测预警、预测预报和小麦主要害虫综合治理研究。主编、参编专著5部，发表研究论文50余篇，第一发明人授权专利5项，授权软件著作权3项。

4.贾方　蝴蝶爱好者，先后行程几万里，拍摄蝴蝶生态照片万余张，在蝴蝶识别方面有丰富的经验。

主　　编：张　智　吴洪安　张云慧　贾　方

副 主 编：董　杰　祁俊锋　王江宁　谢爱婷　王　松

　　　　　穆常青　郑　禾　李恒羽　杨　林　张　锦

参编人员（按姓氏笔画排序）：

于文武　于佳莹　马海凤　王　阚　王小两

王旭龙　王志良　王泽民　王俊侠　王留洋

王福贤　尹祥杰　卢润刚　师迎春　吕　进

朱　严　刘冬雪　牟金伟　李红波　李婷婷

杨伍群　杨建强　沈慧梅　张方梅　张占龙

张圣菊　张金启　张桂娟　张海钊　张　瑜

陈青召　陈智勇　林培炯　周相滢　赵一安

赵淑哲　胡　彬　胡冬雪　胡学军　胡慧芬

柳　凡　祝玉梅　徐晴晴　郭　义　郭书臣

唐广耀　唐继洪　黄荣丽　康爱国　寇　爽

董博韬　雷刚猛　薛青乾

　　蝴蝶是美丽的代名词，有作家曾赞美蝴蝶是人们关于美的幻想和寄托，例如将美丽的梦境称为蝴蝶梦，将最美妙的舞姿喻为蝶翩跹，梁祝爱情故事的结局也是化蝶而去。在自然界，鸟、蝙蝠和多种昆虫都能飞翔，但飞得忽隐忽现、飘然不定却又姿态万千的只有蝴蝶，因此，蝴蝶是人类颇为欣赏的昆虫种类，又非常常见。当你置身花团锦簇的美景之中，或漫步在山间寂静的小道上，或沐浴初春的暖阳时，不经意间就会与蝴蝶不期而遇，偶尔出现的几只蝴蝶会为平静的世界平添几分涟漪，让人心头一动。

　　近年来，在党的十八大提出"五位一体"的总体布局之后，人们看到蝴蝶的机会越来越多了。在北京，随着各级政府对生态文明建设工作的高度重视，城市绿了，郊野美了，休闲观光更惬意了。行走在京郊大地，无论是早春还是盛夏或者是晚秋，人们或多或少都看到过蝴蝶，蝴蝶也正成为公众关注的昆虫种类之一。在欣赏美丽蝴蝶的同时，人们也迫切需要全面正确认识蝴蝶及其在自然界中的生态意义。虽然大多数人都见过蝴蝶，可是很多人还不知道，蝴蝶的美丽并不是与生俱来的，它的前身是一只丑陋的毛毛虫，通过蜕变，才会化成美丽的蝴蝶。除了给人类以美的感受之外，蝴蝶在自然界还具有重要的生态作用。首先，有些蝴蝶种类是重要的农林害虫，例如东方粉蝶的幼虫就是臭名昭著的菜青虫，如果防控不当，会对十字花科蔬菜造成严重损失。其次，蝴蝶在花间飞舞的同时，顺便给植物当起了"红娘"，起到了传播花粉的作用，这种授粉作用对群落演替有巨大影响，特别在高寒山区，如果没有蝴蝶，那里的植物授粉就会受到影响，本来种类众多的杂木林就会朝着单调的松杉林转化。如果蝴蝶完全消失，那么依靠蝴蝶授粉的植物也会面临灭绝，紧接着，以这些植物为生的动物也会随之消亡。随着食物链的层层断裂，人类生存最终或许也将被波及。

　　为了帮助更多的读者观赏蝴蝶，全面了解蝴蝶在自然界的生态意义，我们编撰了这本《北京蝴蝶观赏手册》。本书主要介绍了蝴蝶的基础知识，在整理多年采集制作标本的基础上，共对北京170多种蝴蝶进行了图文解注。阅读此书，可以让读者实现"按图索蝶"，成功获知蝴蝶的真名。此外本书还呈现出一些新的特点。第一，本书标本照片的背景为一直角尺，读者可以参考尺子刻度大致判断蝴蝶个体大小，以便根据体尺大小对斑纹相似的种类进行判断。第二，参考国内外文献，对中文名和拉丁学名进行了详细整理，力求准确。第三，介绍了国内各地蝴蝶生态园或有蝴蝶的昆虫博物馆，以便给爱好者游览提供参考。

　　国人认识、了解蝴蝶的历史非常悠久，最早可追溯至公元前。随着科技发展，人类认识事物的方式正在悄然发生变化。无论如何变化，书都是人类的好朋友，希望这本书能对读者有所裨益，能让更多的人认识、了解蝴蝶，从而发现自然之美、世界之妙。限于编者水平和资源数量，本书还存在诸多不足，例如大多数蝴蝶种类只有成虫照片，缺少卵、幼虫、蛹等其他虫态的照片，另外，本书绝大部分蝴蝶种类来自延庆及周边地区，北京南部地区内的种类可能还会有所遗漏。真诚希望各位读者在阅读过程中，多提出宝贵意见，以便今后不断完善。

张翮

2019年金秋于北京

北 京 蝴 蝶
Handbook for Watching Butterfly in Beijing

目录 观赏手册

1 蝴蝶概述

蝴蝶是节肢动物门Arthropoda昆虫纲Insecta鳞翅目Lepidoptera锤角亚目Rhopalocera动物的统称。蝴蝶一般色彩鲜艳，姿态优美，深受人类喜爱与赞赏，常常被人们誉为"百花仙子""大自然的精灵""会飞的花朵"。蝴蝶出现在2 500万年前，全世界大约有20 000多种，大部分分布在美洲，尤其在亚马孙河流域品种最多，中国已经记录到12科2 153种。世界上最大的蝴蝶是分布在新几内亚岛东部的亚历山大女皇鸟翼凤蝶*Ornithoptera alexandrae*（本书展示其他2种鸟翼凤蝶的照片：歌利亚鸟翼凤蝶马鲁古亚种*Ornithoptera goliath procus*和维多利亚鸟翼凤蝶伊莎亚种*Ornithoptera victoriae isabellae*，如图1-1），雌性翅展可达31 cm；最小的蝴蝶是阿富汗的渺灰蝶*Micropsyche ariana*，展翅只有0.7 cm。目前，中国已知的最大蝴蝶是金裳凤蝶*Troides aeacus*，最大展翅15 cm（图1-2和图1-3）；最小蝴蝶是小玄灰蝶*Tongeia minima*，翅展12 ~ 17 mm。

由于蝴蝶和蛾类都属于鳞翅目，身体都被有鳞片，口器都为虹吸式，都属于完全变态发育，因此，日常生活中，人们常常把蝴蝶和蛾类混淆，在野外观蝶时，要掌握蛾类与蝶类的区别、蝶类生物学特性等，以便准确区分。

图1-1　歌利亚鸟翼凤蝶马鲁古亚种（A）和维多利亚鸟翼凤蝶伊莎亚种（B）

图1-2 中国最大的蝴蝶——金裳凤蝶（♂）　　图1-3 中国最大的蝴蝶——金裳凤蝶（♀）

1.1 蝴蝶与蛾类的区别

（1）生活习性　除丝角蝶科Hedylidae晚上活动以外，其余蝴蝶白天活动，但是大部分蛾类在夜晚活动。

（2）形态特征　蝴蝶翅背面的鳞粉色泽亮丽，翅表面不被鳞毛。少数蛱蝶科的蝴蝶后翅根部被有较明显的鳞毛。蝴蝶头部有1对棒状或锤状触角。蝴蝶躯干上被毛稀疏。大多数蛾类是棕色或者黑色，只有榆凤蛾 *Epicopeia mencia* Moore 等少部分蛾类像蝴蝶一样鲜艳（图1-4）。蛾类的触角形状多样，大多数雌蛾丝状、雄蛾羽状。蛾类躯干被毛一般都很浓密。

（3）栖息姿态　多数蝴蝶将2对翅合拢竖立于背上（图1-5），部分弄蝶休息时，2对翅呈飞机状，也有一些翅水平；蛾类休息姿态有屋脊状、水平状和直立状，直立时，双翅闭合没有蝴蝶紧。

（4）翅的连锁方式　蝴蝶腹面可见后翅根部呈弧形（贴接式），无翅缰；大多数蛾类的后翅根部是平滑的，弧度很小，靠翅缰与前翅成连锁结构。

（5）蛹态　蛾类和蝴蝶均为被蛹，蝶类的蛹一般悬挂在其他的物体上，蛾类的蛹红色，个别种类还有茧。

图1-4　榆凤蛾（摄影：张永安）

图1-5　金斑蝶

1.2　蝴蝶的形态特征

　　蝴蝶属于完全变态昆虫，一生要经历卵、幼虫、蛹和成虫（蝴蝶）4个阶段（图1-6）。

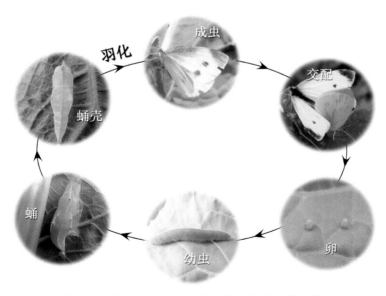

图1-6　蝴蝶一生的主要变态过程（以菜粉蝶为例）

1.2.1 卵

卵形态各异，通常有圆球形、半球形、椭圆形、炮弹形等，卵表面常有网纹、刺突、雕纹等。卵的颜色有橙、黄、绿、白等。蝴蝶卵通常散产，一次一粒，有些种类会将几粒卵产在一起，上面覆盖雌虫的体毛。

1.2.2 幼虫

幼虫为毛虫式，分为头部和胴部。头部坚硬，有"人"字形的额和三角形唇基，颅侧区上有单眼和一个小触角。头部下方为口器，由片状的上唇、起牙齿作用的上颚及退化的下颚与下唇组成，下唇中间是吐丝器。胴部的前3节为胸部，着生3对胸足。第3、4、5、6、9节上共有5对腹足，末端有刺毛趾钩。

1.2.3 蛹

蛹是蝴蝶一生中的第三个发育阶段，是一个不食不动的虫态。蝴蝶的蛹属于被蛹，触角、喙管、翅、足的芽体紧贴于身体的腹面，形状有椭圆形、纺锤形、筒形、菱形等，最后几个腹节可以活动，末端有臀棘。

1.2.4 成虫

蝴蝶成虫的体躯呈圆柱形，由头、胸、腹三个体段组成，身体被有鳞片或鳞毛（图1-7）。雌雄除生殖器官不同外，有些种类的体型或色斑方面也有所差异，一般雌虫大、雄虫小。此外，同一种类同一性别的蝴蝶，不同季节个体的形态特征也会有一定差异。

1.2.4.1 头部

位于体躯的最前方，着生主要的感觉器官和取食器官。

（1）复眼　1对，位于头部两侧，半球状，由上万个六角形的小眼组成，是唯一的视觉器官。

（2）触角　1对，分成若干节，能够自由转动，其末端数节膨大，呈锤状或棍棒状。触角是蝶类重要的感觉器官，它的长短、形状和在基部的间距是分类学上的重要特征。

（3）口器　下口虹吸式，上唇和上颚退化，下唇片状，通常由3节组成，其形态及着生状况是分类学上常用的特征。左右两下颚端部合成1对喙管，平时呈发条状卷曲于头部下方，用时伸直，以吸取植物花蜜、水和其他液汁等。

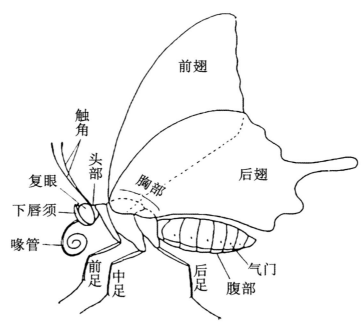

图1-7　蝴蝶成虫形态（以凤蝶为例，仿杨宏等）

1.2.4.2 胸部

位于头部后方，由前胸、中胸和后胸3节构成，前胸最小，中胸最大，后胸次之。其上一般有3对足、2对翅，是蝴蝶的运动中心。

（1）翅　2对，着生于中、后二胸节上，中胸上为前翅，后胸上为后翅，前翅大，后翅较小，呈三角形。翅展开时，向前方的边称为前缘，向外方的边称为外缘，向后方的边称为后缘或内缘，前缘和外缘相交构成的角为顶角，外缘与后缘相交构成的角为臀角或后角，后缘与前缘构成的角为基角，翅展开时，两个顶角之间的距离称为翅展。翅的形状多样，丰富多彩。

①翅脉　位于翅面上，起支撑作用，分纵脉和横脉，纵脉指从基部伸向外缘的脉，横脉指连接两纵脉间的短脉。前翅第一条纵脉为亚前缘脉

(Sc)；第二条是径脉，通常有5个分支（R₁、R₂、R₃、R₄、R₅）；第三条为中脉（M），基部消失而形成中室，中室外有3个分支（M₁、M₂、M₃）；第四条为肘脉（Cu），从基部的后方伸出，有2个分支（Cu₁、Cu₂或CuA₁、CuA₂），最后从基部伸出2条臀脉（2A、3A）。后翅的第一条纵脉为Sc+R₁；第二条为径分脉、径总脉或径规脉（Rs）；中脉、肘脉的数目和位置与前翅相似，但臀脉只有1条。蝴蝶翅面上分布有较多横脉，比较常见的横脉有肩横脉、臀横脉等，其中肩横脉（h）也称肩脉，位于后翅近肩角处，常呈钩状；臀横脉（Cu-a）连接肘脉与臀脉。翅脉是分类学上鉴别科属的一项重要特征。蝶类各科翅脉互不相同，同属间翅脉基本一致，同科不同属或不同科属翅脉有所差异，但可能数目相同（图1-8）。

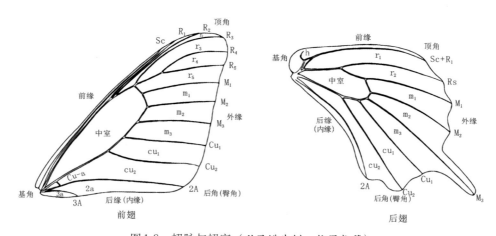

图1-8　翅脉与翅室（以凤蝶为例，仿周尧等）

②翅室　翅面被纵脉与横脉分割成许多小区域，每个小区域称为翅室。位于翅基部中央特大翅室称为中室。四周都有翅脉的翅室称为闭室，有开口的翅室称为开室。除中室外，其余翅室的命名采用康尼命名法（Comstock-Needham命名法），即用前方一条翅脉的名称命名，但一律小写，如R₃脉后面的翅室称r₃室，M₂脉后面的翅室称为m₂室（图1-8）。

③翅面分区及斑纹　根据翅脉和翅缘名称，蝴蝶翅上面的区域和斑纹都有一些特殊的名称，斑纹是分类的重要特征，了解其具体位置与分布有助于按照形态特征描述进行标本比对，进而获取准确的名称（图1-9、图1-10）。

④鳞片　鳞片是由毛扩张而成的，每一个鳞片基部突出呈小柄，镶嵌

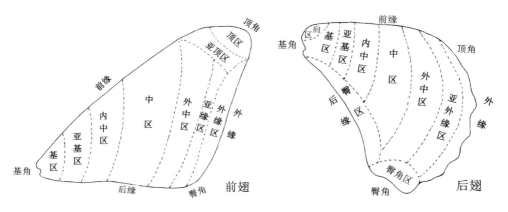

图1-9　蝴蝶翅的各区位置（仿武春生等）

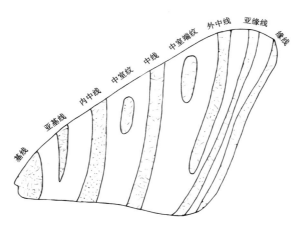

图1-10　蝴蝶翅面斑纹的命名（仿武春生等）

在鳞片囊内。除翅面有鳞片之外，蝴蝶的躯干也分布有鳞片，并呈现各种颜色。鳞片的颜色有色素色（化学色）、结构色（物理色）、综合色三种。

（2）足　3对，前、中、后胸节各着生1对，依次命名为前足、中足、后足，主要起站立及短距离移动的作用。足是蝴蝶分类的重要特征之一。蛱蝶科的前足退化，看上去像只有2对足。

1.2.4.3 腹部

腹部位于胸部后面，是生殖与代谢的中心，由约10个环节组成，内部包含着消化系统、呼吸系统、循环系统、排泄系统和生殖系统等重要器官。蝶类腹部末端变化极大，雄性外生殖器结构复杂，是分类学上鉴别种、亚种的重要依据。

1.3 生活习性

　　蝴蝶属于完全变态昆虫，一生经历卵、幼虫、蛹和成虫4个阶段，从卵离开母体到成虫性成熟的个体发育周期称为世代。蝴蝶一生只有幼虫和成虫是活动期，但是其生活习性还是非常丰富多彩。

1.3.1 幼虫取食

　　幼虫是蝴蝶一生最重要的取食生长阶段。绝大多数幼虫都是植食性的，极少数种类取食介壳虫或蚜虫。植食性种类有的喜欢取食花蕾，有的喜欢蛀食果或嫩荚。有些种类为害具有明显的特点，例如菜粉蝶的初龄幼虫只啃食叶背面的叶肉，留下透明表皮，3龄以后就可蚕食叶片成孔或缺刻。散产卵种类的幼虫单独生活，也有些种类如苎麻珍蝶 *Acraea issoria* (Hübner, [1819])、报喜斑粉蝶 *Delias pasithoe* (Linnaeus, 1767) 常常十几头生活在一起。还有些种类生活在特殊的环境中，如直纹稻弄蝶 *Parnara guttata* (Bremer & Grey, 1853) 幼虫生活在虫苞中，俗称稻苞虫，水稻受稻苞虫为害后，叶片残缺、植株矮小、稻穗变短、稻谷灌浆不充分、千粒重降低，严重影响水稻产量，一般发生年份减产10%～20%，大发生年份减产50%以上。蝴蝶幼虫在生长过程中，通常要经过4～5次蜕皮才能化蛹。幼虫每蜕1次皮，虫龄就增加1龄，体形会明显增大一些。自卵中孵化出来至第1次蜕皮的幼虫称为1龄幼虫，第1次蜕皮结束至第2次蜕皮间称为2龄幼虫，第2次蜕皮结束至第3次蜕皮间称为3龄幼虫，依次类推。在幼虫生长末期，体色逐渐变淡，最后停止生长，此时的幼虫被称为老熟幼虫。

1.3.2 化蛹

　　化蛹是指老熟幼虫变为蛹的一个变态环节。老熟幼虫选定化蛹场所后，先吐丝成垫，用臀足足钩钩住，以免下坠，然后反复吐丝绕成一粗线，围绕中腰，使化蛹时不至于翻倒，这种蛹也被称为缢蛹或带蛹，常见于凤蝶科和粉蝶科。还有一种蛹被称为悬蛹，即老熟幼虫在吐丝做垫后，用臀足足钩钩住，将身体倒挂下来化蛹，悬蛹常见于斑蝶科、眼蝶科、蛱蝶科和珍蝶科。

1.3.3 羽化

成虫从蛹体钻出的过程叫做羽化。刚刚羽化出来的蝴蝶的翅膀柔软而皱缩，但随着血淋巴液大量经由翅脉进入翅膀，蝴蝶的翅膀会迅速伸展，色彩和斑纹随即形成，翅脉也开始变硬，具备飞行能力。蝶类在羽化后、飞行前，都具有振翅行为，此过程因种类不同耗时也有所不同。枯叶蛱蝶 *Kallima inachus*（Doyère，1840）羽化时，从蛹壳破裂到虫体完全脱离蛹壳只需 1 min 左右，5 min 左右翅完全伸展，35～40 min 翅可以半硬化，1.5～2 h 后就可以具有完全飞行能力。金斑喙凤蝶 *Teinopalpus aureus*（Mell.，1923）伸展翅膀一段时间后，便开始低幅高频地振动翅膀。红线蛱蝶 *Limenitis populi*（L.，1758）羽化后约半小时即可飞翔。羽化而出的成虫是蝶类发育的最后阶段，有雌雄两种形态，其口器已转变为虹吸式，所以取食的通常是液体。此时期无论它们怎样进食，都不会再生长。

1.3.4 成虫行为

大多数成虫属于昼行性昆虫，大多数在白天活动，主要活动有飞行、栖息、取食、求偶、交配、产卵等。

1.3.4.1 飞行与栖息行为

飞行行为是蝴蝶最主要的行为，也是其他大多数行为的基础。蝴蝶飞行的姿态有多种，有的平直，有的作跳跃状，有的回旋，有的曲线前进。飞行的速度和高度也有很大差异。另外，蝴蝶的飞行行为还与性别、生殖状态等有很大关系。当天气酷热时，蝴蝶常伏于岩石下、树根旁或溪边，双翅紧合以减少暴露在阳光下的面积从而避免体温升高。蝴蝶喜欢在晴朗温暖无风的日子里活动，如果遇阴天下雨或刮大风，蝴蝶大多转移到能够避风雨的地方躲藏起来，此时就很难见到它们。

1.3.4.2 取食行为

取食行为的主要目的是补充能量。根据取食营养物质的不同，取食行为可以划分为访花类、食腐类和兼有访花与食腐的兼食类等。大多数种类访花，少数一些种类可以吮吸植物伤口流出的汁液、腐烂苹果的汁液、动物的粪便，有些种类还有饮水的习惯（图1-11和图1-12）。

图 1-11　金凤蝶访花　　　　　　　　图 1-12　绿带翠凤蝶吸水

（1）访花类　绝大多数蝴蝶喜欢访花，如凤蝶科和粉蝶科的所有种类，蛱蝶科的锯蛱蝶属、环蛱蝶属、带蛱蝶属和豹蛱蝶亚科的所有种类等，都是花媒蝴蝶。不同种类的蝴蝶喜访花的种类不同，如蓝凤蝶*Papilio protenor* Cramer, 1775嗜吸百合科植物的花蜜，菜粉蝶*Pieris rapae*（Linnaeus, 1758）嗜吸十字花科植物的花蜜，而豹蛱蝶类喜菊科植物的花蜜等。

（2）食腐类

①吸食树液类　柳紫闪蛱蝶*Apatura iris*（Linnaeus, 1758）和琉璃蛱蝶*Kaniska canace*（Linnaeus, 1763）嗜食杨树、栎等的汁液。

②嗜食发酵水果类　如枯叶蛱蝶、黑紫蛱蝶*Sasakia funebris*（Hewitson, 1862）、蛇眼蝶*Minois dryas*（Scopoli, 1763）、猫蛱蝶*Timelaea maculata*（Bremer & Grey, 1852）、小红蛱蝶*Vanessa cardui*（Linnaeus, 1758）、紫斑环蝶*Thaumantis diores* Doubleday, 1845。

③嗜粪类　有些吸食树液和发酵水果的蝴蝶也嗜粪，如柳紫闪蛱蝶和枯叶蛱蝶。贝娜灰蝶*Nacaduba beroe*（C. & R. Felder, [1865]）、黑弄蝶*Daimio tethys*（Ménétriés, 1857）喜食鸟粪。

（3）兼食类　网丝蛱蝶*Cyrestis thyodamas* Boisduval, 1846和大红蛱蝶*Vanessa indica*（Herbst, 1794）等既访花又食腐。

1.3.4.3　求偶和交配行为

求偶行为是指雄性个体追求雌性个体的过程（图1-13）。蝴蝶求偶过程中，大多数种类都是雄蝶积极主动追求雌蝶，雌蝶会通过视觉、嗅觉等得到的信息判断是否接受雄蝶的追求。蝴蝶的求偶行为主要有巡游型和等候型两种类型。巡游型蝴蝶种类会在栖息地内巡回飞行，主动寻找雌蝶交配，凤蝶和粉蝶大都属于这一类型。等候型雄蝶多具有领域行为，它们会选择一个地点长时间等待，其间会驱赶入侵的同类雄蝶。

求偶成功以后，便会进入交配阶段。等候型蝴蝶的交配行为在空中就可以进行，也可以停下来完成。金斑喙凤蝶交配前，雌雄蝶相互追逐，径直飞向 1 000～1 500 m 的高空，然后一起俯冲而下，于飞行中完成交配。巡游型蝴蝶当雌雄达成交配共识时，便可以交配，如花椒凤蝶雄蝶飞到雌蝶一侧，将尾弯向雌蝶尾部，约 30 s 后就可以进入交配状态。交配过程中，一般雌上雄下呈 "一" 字形。交配行为多在晴朗的白天

图 1-13　丝带凤蝶交尾

进行，一般选择 9：00—17：00 之间，阴雨天、温度低时，一般不交配。另外，交配时长随种类的变异非常大，枯叶蛱蝶交配时间最长可达 24 h。一般情况下，雄蝶一生可交配多次，但雌蝶只交配或者只愿意交配一次。交配过的雌蝶，会做出逃离、快速扇动翅膀、将腹部向上翘起等多种行为来拒绝交配，有些种类还会在交配囊开口处形成 "臀袋" 来阻止雄蝶再次交配。

1.3.4.4　产卵行为

在卵完成受精作用后，雌蝶便开始为产卵做准备。雌蝶选择产卵地的标准是：确保卵孵化后幼虫可以尽快取食寄主叶片，以便正常生长发育。一般情况下，雌蝶会将大多数卵产于寄主植物的嫩叶或嫩梢，其次在植物茎秆或周边杂草上。多数种类喜欢将卵产于叶背，这样有利于雌蝶发力，也可以减少卵受日晒、雨淋以及被天敌取食（图 1-14）。雌蝶产卵方式因种类不同而有所差异，一般为单产、散产，如金斑喙凤蝶为 "一枝一叶一卵"。在田间，很多雌

图 1-14　丝带凤蝶卵

蝶，在一株寄主上产2～3粒卵后，便离开选择下一株寄主。与分散产卵不同，有些蝴蝶喜欢聚集产卵，幼虫也聚集在一起取食和栖息，如丝带凤蝶 *Sericinus montelus*（Gray, 1852）、红锯蛱蝶 *Cethosia biblis*（Drury, [1773]）、白带锯蛱蝶 *Cethosia cyane*（Drury, [1773]）等。雌蝶产卵时，会随着交配日龄的不同而有所差异，另外，在一天之中雌蝶产卵也会选择某些比较适宜的时段。

1.3.5 多型现象

多型现象包括雌雄异型、雌多型、季节多型等。雌雄蝶除生殖器官的差异以外，也常常在体型大小、体色、斑纹等方面存在差异，这些差异被称为第二性征。很多种类具有第二性征，例如美凤蝶 *Palilio memnon*（L., 1758）雄蝶翅背面蓝黑色，无尾突，而雌蝶后翅背面有数个大型白斑。有些种类的雌蝶也存在两种或两种以上的不同类型，称为雌多型。玉带凤蝶 *Palilio polytes*（L., 1758）的大多数雌蝶中室端部有1至数个齿形白斑，中域无白色斑列，近后缘有2个大红斑，称为"赤斑型"；少数雌蝶与雄蝶类似，后翅中域有1列白斑，称为"白带型"。一些蝴蝶种类还有春型（低温型）、夏型（高温型）、秋型（低温型）之分，不同类型的形体之间也有些差异。

1.3.6 警戒色、拟态、保护色和假死

警戒色是指以鲜艳的颜色引起捕食者的恐慌，从而躲避伤害。金裳凤蝶后翅的黄斑鲜艳夺目，具有惊吓或警告捕食者的作用。美眼蛱蝶 *Junonia almana*（L., 1758）前后翅各有一对眼状斑，瞳点白色。当美眼蛱蝶突然张开双翅时，眼斑突现，整个身体会呈现出猫头鹰的形状，把捕食者吓跑。

拟态是一种动物模拟另外一种动物，使自己获得保护的现象，例如金斑蝶 *Danaus chrysippus*（L., 1758）幼虫取食萝藦科植物以后，成虫体内会聚集有毒的糖苷物质，鸟类捕食后会产生不适。因此，其他一些凤蝶和蛱蝶会模拟有毒金斑蝶的形态，使得自己获得保护。再如，白燕尾蚬蝶 *Dodona henrici*（Holland, 1887）、东亚燕灰蝶 *Rapala micans*（Bremer & Grey, 1853）等蚬蝶和灰蝶具有自我模拟的本领，这些种类的蝴蝶在访花时，双翅合并后，臀角耳垂状，加上特化的尾丝，就很像头、复眼和触角，让捕食者误以为这是它的头部（图1-15）。这种自我模拟本领可以迷惑其他捕

食者，让捕食者不敢轻易行动，也可以让捕食者空欢喜一场，因为原本以为啄食到了蝴蝶的头胸部而实际只啄到了后翅的臀角。

图 1-15　东亚燕灰蝶的尾部可模拟头部

　　保护色是指动物具有与它栖息环境相似的颜色，从而有利于躲避天敌捕食的现象。蝶类中善于使用保护色的高手莫过于枯叶蛱蝶。枯叶蛱蝶翅背面具有鲜艳的颜色，但翅腹面却具有枯黄叶片的特征，合拢后，整个枯叶蛱蝶像一片枯树叶，不但具有叶片主脉，有时还有侧脉，从而能有效躲避鸟类的追捕。暮眼蝶 *Melanitis leda*（L., 1758）停在树干上时，其翅腹面和树皮完全可以假乱真。

　　假死是指虫体受到某些刺激时，突然停止活动，甚至掉落地面，呈死亡状。这种现象广泛存在于蛱蝶和斑蝶幼虫中，有时在成虫中也有出现。

1.3.7 迁飞现象

　　迁飞是指一些蝴蝶为适应环境变化而进行的大规模的远距离、周期性移动行为，发生在成虫期。迁飞行为不同于极少量个体脱离种群而成为"迷蝶"的现象。迁飞性的蝴蝶种类很多，例如北美洲的君主斑蝶 *Danaus plexippus*（L., 1758），每年秋季从加拿大南部的落基山麓飞行 3 500 km 到墨西哥。在北京，蝴蝶的迁飞以小红蛱蝶 *Vanessa cardui*（L., 1758）最具代表性，此蝶在北京及河北的山地较多、平原地区较少，但是到了秋季，山区天气转凉，该蝶就会大量迁飞到平原地区，尤其是一些有大量秋季开放花卉的公园。甚至有些报道称，小红蛱蝶能从北极苔原地带迁飞而来，旅程达到数千千米，不亚于著名的美洲黑脉金斑蛱蝶。

1.4 蝴蝶与人类的关系

1.4.1 有益方面

1.4.1.1 传播花粉

自然界中，植物需要通过授粉来繁衍后代。植物授粉可以分为自花授粉和异花授粉，大部分植物都需要异花授粉。异花授粉植物需要借助昆虫、鸟类、风等媒介传播花粉，传粉的媒介昆虫主要有蜂类和蝶类。昆虫授粉，可以促进植物之间的基因交流，可以增加植物种子数量、提升种子质量，对农作物和果树的增产效果非常明显。如果世界上没有蜂和蝴蝶，很多异花授粉植物就会消失，瓜果飘香的景象将不复存在，自然界和人类生活都将黯然失色。

1.4.1.2 有害生物的天敌

有些蝶类的幼虫取食蚜虫或介壳虫，如蚜灰蝶属 *Taraka* 等。

1.4.1.3 药用价值

《本草纲目》曾记载茴香虫 [金凤蝶 *Papilio machaon*（L., 1758）幼虫] 可以治疗胃病、噎呕及小肠疝气等。现代医学证明，从金凤蝶幼虫中提取的精油有甲氧基桂皮醛等成分，具有医用价值。

1.4.1.4 食用价值

蝴蝶幼虫和蛹含有大量蛋白质及人体必需的氨基酸与维生素 B_1、B_2、E 和 A，能延缓人体的衰老。

1.4.1.5 保持自然平衡

在自然界中，大多数蝴蝶幼虫是植食性的，它们是鸟类和其他动物捕食的对象，因此，蝴蝶是食物链的重要一环，对生态系统的物质循环和能量流动具有十分重要的作用。如果蝴蝶数量锐减，可能会引发食物链断裂。在高寒山区，这种影响非常重要。如果没有蝴蝶，高寒山区植物的授粉就很难成功，植物群落的演替将由种类众多的杂木林转向单调的松杉林。如果蝴蝶完全消失，所有需要蝴蝶授粉的植物也会受到影响，而且以这些植物为生的动物也将受到影响。另外，有些蝴蝶种类对环境变化非常敏感，生态环境污染后，这些物种将很快消失，可以作为环境的指示物种。

1.4.1.6 文化价值

蝴蝶是中国文化中的一个重要符号，经常出现在诗词典集之中。蝴蝶曾启发哲学家的思想，战国时期道家学派代表人物庄子运用浪漫的想象力和美妙的文笔，通过对梦中变化为蝴蝶和梦醒后蝴蝶复化为己的描述与探讨，提出了人不可能确切地区分真实与虚幻和生死物化的观点。蝴蝶也是唯美爱情的化身，"梁祝化蝶"的故事家喻户晓，相传梁山伯与祝英台就是化成一对蝴蝶，翩翩起舞，最终成双成对。古往今来，文人墨客留下了无数篇关于蝴蝶的诗歌佳作，如李白的"八月蝴蝶黄，双飞西园草"、杨万里的"儿童急走追黄蝶，飞入菜花无处寻"等。另外，在古罗马，当一个人逝世时，常用一只蝴蝶飞出逝者嘴里的照片，代表灵魂的离开。

1.4.2 不利方面

有些蝴蝶种类的种群数量较大时，会成为作物的害虫，如稻苞虫为害水稻、菜粉蝶幼虫菜青虫为害十字花科蔬菜、柑橘凤蝶幼虫为害柑橘等。

2 蝴蝶分类

　　分类学是生物科学的重要基础，主要研究种的鉴定、分类和系统发育。蝴蝶分类是动物分类的一个分支，是一个十分复杂的系统工程。由于各国专家依据的材料与方法不同，结果也相距甚远。生物分类学可以划分为3个层次：第一个层次是鉴定，即给各个单元定出科学的名字，是分类学的基本任务；第二个层次是分类，即将物种排列成序，建立分类系统；第三个层次是分析研究物种形成与进化因素。

2.1 蝴蝶鉴定方法

2.1.1 形态学鉴定

　　蝴蝶鉴定可以将形态描述信息，与待鉴定标本进行比较，最终得到鉴定结果。目前，蝴蝶分类主要依据成虫形态特征，涉及的指标有翅形、翅面上的斑纹、翅脉序和翅室、触角和附肢、雄性外生殖器等。随着图像处理和人工智能深度学习技术等相关理论的发展与应用，可以利用计算机程序对蝴蝶成虫的形态特征进行快速比对识别。

2.1.2 分子生物学鉴定

　　20世纪80年代以来，随着聚合酶链式反应（polymerase chain reaction，PCR）技术的出现，分子生物学得到了迅猛发展，遗传标记技术开始作为物种形态学分类鉴定的一种辅助手段，被广泛应用于物种鉴定和属间、种间、品种间亲缘关系研究。目前分子生物学方法在物种鉴定中的应用主要有限制性片段长度多态性（restriction fragment length polymorphism，RFLP）、随机扩增多态性DNA（random amplified polymorphic DNA，RAPD）、扩增性片段长度多态（amplified fragment length polymorphism，AFLP）、荧光免疫分析（fluorescence i mmunoassay analysis，FLA）、酶免疫分析（enzyme i mmunoassay analysis，EIA）、单核苷酸多态性（single nucleotide polymorphism, SNP）、DNA 条码技术等。

2.2　命名方法

蝴蝶命名与其他物种一样，采用"双名法"，即拉丁学名包含2个词，第一词表示属名，第二词表示种名，属名加种名才是一个完整的学名。按照"优先律"原则，符合规定的最早公开发表的名称是唯一正确名称，其他符合规定的学名视为该物种的异名。学名书写时要斜体，定名人无须斜体。发表一个新的蝴蝶种类时，要指定模式标本。

2.3　蝴蝶分类系统研究进展

1958年Ehrlich根据成虫和幼虫外部形态和解剖特征，把全球蝴蝶分为2总科6科，即：弄蝶总科 Hesperoidea（弄蝶科Hesperiidae）、凤蝶总科 Papilionoidea（凤蝶科Papilionidae、粉蝶科 Pieridae、蛱蝶科 Nymphalidae、喙蝶科 Libytheidae、灰蝶科 Lycaenidae）。1984年，Ackery提出把全球蝴蝶分为2总科5科，与1958年Ehrlich 提出的分类系统相比，减少了喙蝶科。1989年，Smart从形态学出发，对全球蝴蝶分类系统进行了调整，保持2总科不变，但是凤蝶总科扩展至14科，即凤蝶科、粉蝶科、灰蝶科、喙蝶科、蚬蝶科 Nemeobiidae、袖蝶科 Heliconiidae、珍蝶科 Acraeidae、蛱蝶科、环蝶科 Amathusiidae、闪蝶科 Morphidae、大翅蝶科 Brassolidae、眼蝶科 Satyridae、绡蝶科 Ithomiidae、斑蝶科 Danaidae。1992年，Scoble 将全球蝴蝶分为3总科6科，增加了喜蝶总科 Hedyloidea喜蝶科 Hedylidae（丝角蝶科或广蝶科）。2001年，D'Abrera根据翅脉、翅形、斑纹等特征，把全球蝴蝶分为14科（去除弄蝶总科），结果基本上和Smart 1989年提出的分类结果相一致。综上所述，国外对蝴蝶分类系统的观点极不一致。

我国现代学者对蝴蝶分类也有一个明显的认知过程。我国学者广泛接受Smart提出的2总科15科或者D'Abrera提出的2总科14科的观点，认为该分类具体、直观、容易掌握。昆虫学家蔡邦华主张将中国蝴蝶分为弄蝶总科和凤蝶总科2总科7 科，即弄蝶科、凤蝶科、绢蝶科Parnassiidae、粉蝶科、蚬蝶科、蚬蝶科、灰蝶科。斑蝶、环蝶及眼蝶则属于蛱蝶科的亚科，喙蝶属于蚬蝶科的亚科。李传隆教授将中国蝴蝶分为11科，即弄蝶科、凤蝶科、绢蝶科、粉蝶科、眼蝶科、环蝶科、斑蝶科、蛱蝶科、喙蝶科、蚬蝶科、灰蝶科。周尧教授总结了蝴蝶分类学、系统学研究的最新成就，参考了D'Abrera、Smart等学者的意见，并借鉴日本、俄罗斯的分类方法，提出了崭新的蝴蝶分类系统，该系统把全球蝴蝶分为4总科17科，即弄蝶总科（弄蝶科、大弄蝶科 Megathymidae 和缰蝶科 Euschemonidae）、凤蝶总科（凤蝶科、绢蝶科、粉蝶科）、灰蝶总科 Lycaenoidea（灰蝶科、喙蝶科、蚬蝶科）、蛱蝶总科 Nymphaloidea（斑蝶科、绡蝶科、眼蝶科、环蝶科、闪蝶科、蛱蝶科、珍蝶科、袖蝶科）；把中国蝴蝶分为4总科12科，即弄蝶总科（弄蝶科）、凤蝶总科（凤蝶科、绢蝶科、粉蝶科）、灰蝶总科（灰蝶科、喙蝶科、蚬蝶科）、蛱蝶总科（斑蝶科、眼蝶科、环蝶科、蛱蝶科、珍蝶科）。

目前，关于蝴蝶分类，国际上流行的为Kristensen等在2011年建立的蝴蝶分类法，将蝴蝶分为1个总科5个科。本着实用原则，本书采用的仍然是《中国蝶类志》使用的分类系统，同时列出了两种分类系统之间的对应关系（表2-1）。

表2-1　蝴蝶两个分类系统对照表

周尧（1994）		Kristensen等（2011）	中国分布	北京分布
弄蝶总科 Hesperoidea	缰蝶科 Euschemonidae	弄蝶科 Hesperiidae		
	大弄蝶科 Megathymidae			
	弄蝶科 Hesperiidae		✓	✓
凤蝶总科 Papilionoidea	凤蝶科 Papilionidae	凤蝶科 Papilionidae	✓	✓
	绢蝶科 Parnassiidae		✓	✓
	粉蝶科 Pieridae	粉蝶科 Pieridae	✓	✓
蛱蝶总科 Nymphaloidea	眼蝶科 Satyridae	蛱蝶科 Nymphalidae	✓	✓
	斑蝶科 Danaidae		✓	✓
	绡蝶科 Ithomiidae			
	环蝶科 Amathusiidae		✓	✓
	闪蝶科 Morphidae			
	蛱蝶科 Nymphalidae		✓	✓
	袖蝶科 Heliconiidae		✓	✓
	珍蝶科 Acraeidae		✓	✓

注：Kristensen等（2011）分类系统中，凤蝶科 Papilionidae、粉蝶科 Pieridae、蛱蝶科 Nymphalidae 均归入凤蝶总科 Papilionoidea。

(续)

周尧（1994）		Kristensen等（2011）		中国分布	北京分布
灰蝶总科 Lycaenoidea	喙蝶科 Libytheidae	灰蝶科 Lycaenidae	凤蝶总科 Papilionoidea	✓	✓
	灰蝶科 Lycaenidae			✓	✓
	蚬蝶科 Nemeobiidae			✓	✓

2.4 我国常见各科的特征

2.4.1 凤蝶科

凤蝶科成虫体型较大，色彩鲜艳，底色多黑、黄或白，有蓝、绿、红等颜色的斑纹。头部复眼光滑，下唇须小，喙管发达，触角基部互相接近，向端部逐渐加大。前足胫节内侧有1个叶状的刺，爪1对，对称，爪的下缘多光滑不分叉。前后翅三角形，中室闭式。R脉5条，R_4和R_5共柄，M_1与R脉不共柄。A脉2条，臀横脉1条，3A脉短，只到翅的后缘。后翅只有1条A脉，肩角有1条钩状的肩脉（h），多数种类的M_3延伸成尾突，有的无尾突或有2条以上尾突。多数种类雌雄个体形态相同，但是有的种类雌雄异型。不同季节的雄蝶翅面特征也会有差异。凤蝶的卵为圆球形，多散产。幼虫一般为大型，前胸有1个红色或黄色的翻缩性"Y"形腺。凤蝶科蝴蝶以蛹越冬，蛹为缢蛹式。寄主主要有芸香科、樟科、伞形花科及马兜铃科植物，有多个种类为害柑橘。

2.4.2 绢蝶科

绢蝶科成虫体型中等大小，体被密毛。触角短而直，端部棒状明显。下唇须短。翅近卵形，翅面鳞片稀少，半透明，无尾突。翅面白色或蜡黄色，有黑色、红色或黄色的斑纹，斑纹多成环状。前翅R脉只有4条，R_2脉和R_3脉合并，R_4脉、R_5脉与M_1脉共柄，A脉2条，无臀横脉。后翅无尾突，A脉1条。雌蝶交配后在腹部末端形成角质臀袋，避免再次交配。卵扁圆形。幼虫虫体呈圆柱形，头部很小，也有臭腺。蛹被有薄茧。本种类均产自高海拔地区，耐寒能力强。寄主植物有景天科及紫堇、延胡索等。

2.4.3 粉蝶科

粉蝶科是中等大小的蝴蝶。翅面色彩较淡，多为白色或黄色，少数种类为红色或橙色，有黑色斑。头小，触角锤状，下唇须发达。两性前足均发达，有步行作用，足上有1对分叉的爪。前翅多呈三角形，顶角常黑色，有些顶角呈尖状，有些呈圆形。R脉3条或4条，极少有5条，基部多合并，A脉只有1条。后翅卵圆形，外缘光滑，无尾突，无肩室，肩脉有或无，A脉2条，臀区发达，可包容腹部。前后翅中室均为闭室式。不少种类呈性二型，不同属的雄性个体的发香鳞部位不同，有些种类有季节型。多数种类以蛹越冬，少数以成虫越冬。卵炮弹形或宝塔形，幼虫细长圆筒形，胸部和腹部的每一节有横皱纹划分为许多环。蛹为缢蛹式。寄主植物为十字花科、豆科、蔷薇科等，有些种类为蔬菜和果树的重要害虫。

2.4.4 斑蝶科

斑蝶科是中等或大型美丽蝴蝶。体黑色，头、胸部带白色小点；翅色艳丽，主要为黄、黑、灰或白色，有些种类具闪光。斑蝶头大，复眼光滑，下唇须小，上举，触角很细，线状，端部微微加粗。前足退化，缩在胸部下，无步行作用。雌蝶前足跗节3节，雄蝶前足跗节只有1节，末端皱缩成刷状，无爪；中足和后足正常，跗节有强刺，爪长钩状，有垫。翅的外缘圆形或波状，中室长闭式。前翅R脉5条，后3条基部合并，M_2脉常有回脉伸入中室；中室端脉凹入；2A发达，其基部有极小的3A并入。后翅前缘平直，肩脉发达；A脉2条，无尾突。雄蝶前翅Cu脉上或后翅臀区有发香鳞，有种类前翅后缘弧形凸出。斑蝶因为体内积有毒素，鸟类不敢捕食，是以警戒色著称的蝴蝶，因此，成为其他蝶类的模拟对象。卵炮弹形或椭圆形，直立。幼虫体上多皱纹，胸部和腹部各有1~2对长线状突起，能散发臭气以御敌。蛹为悬蛹，纺锤形，体上有金色或银色斑点。主要寄主为萝摩科、夹竹桃科。

2.4.5 环蝶科

环蝶科是大型或中型的蝴蝶，颜色多暗而不鲜艳，多为黄、灰、棕、

● 分布：国外见于日本、俄罗斯、越南、缅甸、印度、马来西亚及朝鲜半岛，我国见于西南、华南、华中、华北各地区，在北京海淀、门头沟、延庆、怀柔等地可见该种。

● 寄主：芸香科贼仔树、两面针、花椒、竹叶椒、飞龙掌血、臭檀、食茱萸、山花椒、黄檗等。

3.2 绿带翠凤蝶 *Papilio maackii* Ménétriés, 1859

● 别名：马氏翠凤蝶、深山凤蝶、深山乌鸦凤蝶、深山碧凤蝶等。

中大型凤蝶，具尾突，翅展90～130 mm。分春、夏两型，春型小。体、翅黑色，布金绿色或暗绿色鳞片。前翅亚外缘区有1条不太清晰的翠绿色带，被黑色脉纹及脉间纹分割成断续的横带，雄性前翅中室外侧有黑色天鹅绒状的性标。后翅基半部的上半部分散布金属蓝绿色鳞片，从顶角到臀角有1条翠蓝色或翠绿色横带，外缘区有6个翠蓝色弯月形斑纹，臀角有1个环形或半环形斑纹，镶有蓝边；外缘波状，凹处镶白边；尾突具蓝色带。腹面前翅浅黑色，无翠绿色鳞片，亚外缘区有灰白色横带；后翅中后区有1条斜横带，斜带内布满灰黄色鳞片，外缘区有1列红色弯月形斑，臀角有1个半圆形红斑纹。此蝶春型明显小于夏型，但春型翅面的金绿色亮片更多，色彩更加华丽耀眼（图3-3至图3-6）。

每年发生2代，4—8月可见成虫。该蝶常沿山溪水道飞行，喜欢在阳光充足潮湿的地面或溪流边上饮水，是北京地区较华丽的蝶类（图3-7）。

图3-3　绿带翠凤蝶（♂，背面）

图3-4　绿带翠凤蝶（♂，腹面）

●分布：国外见于日本、俄罗斯及朝鲜半岛，国内见于西南、华南、华中、华东、华北和东北各地区。北京见于各区的山地。在延庆地区每年4月下旬到5月上旬是观赏春型绿带翠凤蝶的最佳时间段，在松山、玉渡山、凤凰坨、九眼楼等地都能看到。

●寄主：芸香科的刺花椒、花椒、光叶花椒、黄檗等。

图3-5　绿带翠凤蝶（♀，背面）　　　图3-6　绿带翠凤蝶（♀，腹面）

图3-7　绿带翠凤蝶（生态照）

3.3　柑橘凤蝶　　*Papilio xuthus* Linnacus, 1767

●别名：花椒凤蝶、春凤蝶、燕凤蝶、橘黄凤蝶、橘凤蝶。

该蝶是凤蝶科模式种类，属于中型凤蝶，具尾突，翅展65～100 mm，分春、夏两型，其体色有差别。翅面浅黄绿色具黑色脉，前、后翅的外缘呈黑色宽带，带中分别有8个和6个新月形斑。前翅中室内基半部有4～5

条浅黄绿放射状斑纹，端半部有2个横斑；中后区有1列纵向斑纹，外侧整齐排列，从前缘到后缘逐个递增，到cu$_2$室有1条从翅基伸出的纵带，该带在中间呈角状弯曲，端部呈折钩形。后翅基半部的斑纹沿脉纹排列，被脉纹分割，在亚外缘区有1列蓝色斑，有时不明显；臀角有1个环形或半环形红色斑纹。翅腹面色稍淡，亚外缘区斑纹明显，其余与背面相似。该蝶的雌雄个体斑纹形状基本相同，春型色淡，夏型色深（图3-8至图3-9）。

每年发生2代，成虫4—9月可采到。喜访花，飞行快速，数量较多。此蝶在北京的寄主植物主要是花椒和臭檀吴萸。村庄中花椒树和臭檀吴萸种植较多的地方，柑橘凤蝶也很多（图3-10）。柑橘凤蝶喜欢访花，在花丛中容易见到。雌蝶在花椒树上产卵，所以有时候会看到它们在花椒树上飞舞，之后就会见到小米大小的虫卵和各龄期幼虫。喜欢饲养的朋友可以将它们连同枝叶带回家中插在水瓶中饲养，或是干脆带老熟幼虫回家，很容易养到化蛹、羽化阶段。

图3-8　柑橘凤蝶（背面）

图3-9　柑橘凤蝶（腹面）

图3-10　柑橘凤蝶（生态照）

●分布：国外见于日本、缅甸、菲律宾、朝鲜半岛，以及中南半岛和南太平洋的一些岛屿，国内见于除青藏高原以外的各个地区。北京各区均可见到。

●寄主：花椒、臭檀吴萸、枸橘、樗叶花椒、光叶花椒、吴茱萸、黄檗等。

| 3.4 | 金凤蝶 | *Papilio machaon* Linnaeus, 1758 |

●别名：黄凤蝶、茴香凤蝶、胡萝卜凤蝶。

中型凤蝶，具尾突，翅展90～120 mm。体黑色或黑褐色，胸背有2条"八"字形黑带。翅黑褐色至黑色，具黄色或黄白色斑纹。前翅基1/3处散布黄色鳞片，中室端半部有2个横斑，中后区有1列纵斑，从近前缘开始向后缘排列，除第3斑及最后1个斑外，大致是逐渐增大，外缘区有1列小斑。后翅基半部布被脉纹分割的斑纹，亚外缘区有不太明显的蓝斑，亚臀角有红色圆斑，外缘区有月牙形斑，外缘波状，尾突长短不一。腹面大体类似，前翅亚外缘具淡黄色带，带缘黑色，中间散布黄色鳞片；后翅外中区具黄色和灰蓝黑色双横带，其后段染橙色。雌蝶色泽斑纹与雄蝶类似，但翅形较阔。本种与柑橘凤蝶相似，但中室内没有4～5条纵带（图3-11、图3-12）。

每年发生1～2代，成虫多见于4—9月。其自然生态分布可在海拔1 500m以上。此蝶与柑橘凤蝶有些相似，数量少，大体更偏金黄色。分布很广，从低海拔的平地到2 000多 m的山顶都有它们的身影，海拔越高颜色

图3-11　金凤蝶（♀，背面）　　　　图3-12　金凤蝶（♀，腹面）

越鲜艳（图3-13）。有时会在胡萝卜田或者废弃的香芹种植园出现大量幼虫，可以捕捉饲养。

● 分布：国外分布在欧亚大陆和中南半岛北部；国内分布在我国全境。北京各区均有分布。

● 寄主：伞形科植物，如茴香、防风、柴胡、胡萝卜等。

图3-13　金凤蝶（生态照）

3.5　丝带凤蝶　*Sericinus montelus* Gray, 1852

● 别名：软尾亚凤蝶、马兜铃凤蝶。

中型凤蝶，翅展50～60 mm，性二型，一黑一白像一套配对的礼服，"白色礼服"是雄性，"黑色礼服"反而是雌性。躯体黑白红三色相间，触角短，翅薄如纸，尾突细长。雄性翅底色为淡黄白色，基角、前缘、顶角及外缘黑色或黑褐色，中室中部和端部各有1个黑色条斑，中后区有1列大小和形状都不规则的夹带有红色（极个别个体呈黄色）的黑斑。后翅有1条中横带，中间错位后与臀角的大黑斑相连，大黑斑中有红色横斑，此红斑有时沿中横带延伸到前缘，红横斑下有蓝斑，有些个体中室还有1块大黑斑。雄蝶尾突的长度常短于雌蝶或等于雌蝶，绝不会长于雌蝶。雌蝶前翅中室有5个大小不同、形状各异的不规则黑褐斑；前缘、外缘、亚外缘、外中区、中区、基区和亚基区都布有不规则的黑褐色斑或带。后翅基区、亚基区有不规则的斜横带，中带红色，在r_s室错位，到外中区直达后缘，且镶有黑边；亚外缘区具黑色带，此带间有些个体有蓝斑；外缘波状、黑色；尾突长，黑色，末端黄白色。翅腹面与背面相似。春型个体大小只有夏型的一半，尾突较短；夏型个体较大，尾突长度是春型的2倍多（图3-14至图3-17）。

1年发生3～4代，以蛹越冬，每年4—10月间可见成虫，一般分布于海拔1 000m以下山地，飞翔轻缓，雌性飞行能力较弱，一般时候都是藏在马兜铃附近，不遇到惊吓不飞，由于颜色较淡不易被发现，可在雄蝶聚集的地方反复走动以惊起雌蝶（图3-18、图3-19）。

● 分布：国外分布于日本、俄罗斯及朝鲜半岛；国内分布于北京、辽宁、黑龙江、吉林、河北、甘肃、宁夏、陕西、河南、浙江、江西、湖北、湖南等地。北京各区都有分布。

● 寄主：北马兜铃和马兜铃。春季雌蝶将卵产在马兜铃嫩芽的基部，找到马兜铃就能找到该种类蝴蝶，有马兜铃分布的地方有时会有大量的聚集。能在寄主叶片上看到各龄期幼虫。

图3-14　丝带凤蝶（♂，背面）

图3-15　丝带凤蝶（♂，腹面）

图3-16　丝带凤蝶（♀，背面）

图3-17　丝带凤蝶（♀，腹面）

图 3-18　丝带凤蝶（♂）（生态照）

图 3-19　丝带凤蝶（♀）（生态照）

4 绢蝶科

本科种类大多数分布于高山地带，耐寒性很强，有些种类在雪线上下紧贴地面飞翔，行动缓慢，容易捕捉。雌蝶交配以后，会在腹部末端产生各种形状的臀袋，以避免再次交配。世界上已知50多种，我国有35种以上。我国是世界上绢蝶种类最多的国家，北京地区发现4种，本书记录到4种。

4.1 小红珠绢蝶 *Parnassius nomion* Fischer & Waldheim, 1823

● 别名：红珠绢蝶、草地绢蝶。

中大型绢蝶，翅展53～62 mm。雄蝶翅背面白色，翅脉黑褐色。前翅基部及前缘布一层黑色鳞片，中室中部及横脉处各有1个黑色斑；前缘有2个白心黑边的红斑，横列；近后缘中部有1个圆形具黑边的红斑。后翅前缘及中部各有1个白心黑边的红斑；基部及内缘为不规则的宽黑带。前后翅亚外缘有弯曲且断断续续的灰褐色横带，脉纹末端黑褐色。翅腹面除基部4个及臀角2个黑边红斑外，其余与背面相同（图4-1、图4-2）。

1年1代，以卵越冬，成虫多见于7—8月间，在北京雄蝶一般出现于7月中下旬，雌蝶稍晚。分布于海拔2 000m左右的亚高山次生草甸地带，飞翔较快，发生期数量较多（图4-3）。

图4-1　小红珠绢蝶（♂，背面）

图4-2　小红珠绢蝶（♂，腹面）

● 分布：国外见于朝鲜半岛及欧洲等地；国内分布于北京、黑龙江、吉林、辽宁、新疆、甘肃、宁夏、青海、陕西、河北、河南等地。北京常见于房山、延庆、门头沟等地的高山地带，如海坨山、东灵山等，在视野良好的亚高山草甸飘飞而过，极具观赏性。

● 寄主：景天科植物和延胡索等。

图4-3　小红珠绢蝶（生态照）

4.2　红珠绢蝶　*Parnassius bremeri* Bremer, 1864

● 别名：东北亚绢蝶。

中大型绢蝶，较小红珠绢蝶体形略大，翅展64～69 mm。雌雄异型。雄蝶翅背面白色，翅脉黄褐色。前翅前缘黑褐色；中室中部及端部有大黑斑；中室外有2个黑斑，有的具红心；外缘和亚外缘各有1条模糊的锯齿状灰褐色带，后缘中部有1个大黑斑。后翅基部和内缘基半部黑色；前缘及翅中部各有1个红斑，周围镶黑边。翅腹面与背面类似，但翅基部有4个镶黑边的红斑。雌蝶翅面大部分呈黑灰色，也有呈黄灰色的，红斑较大且明显，尾端有1个黑色角质臀袋，极易区别。与小红珠绢蝶的不同是，雄性前翅后缘处的红斑几乎消失（图4-4至图4-7）。

　1年1代，以卵越冬，成虫多见于6—7月。此蝶在北京地区只分布于东灵山山顶一带，海拔在2 200m以上，是北京地区栖息地较高的蝴蝶之一。雄蝶常在山顶草坡上飘飞，也落在花朵上吸食花蜜。而雌性飞行能力较弱，常伏于岩石之上，并且雌蝶翅颜色偏暗，所以不易被发现。

●分布：国外分布于俄罗斯、哈萨克斯坦及朝鲜半岛等地；国内分布于北京、黑龙江、吉林、山西、甘肃、四川、青海、新疆等地。北京常见于房山区的高山地带。

●寄主：景天属植物。

图4-4　红珠绢蝶（♂，背面）

图4-5　红珠绢蝶（♂，腹面）

图4-6　红珠绢蝶（♀，背面）

图4-7　红珠绢蝶（♀，腹面）

4.3　白绢蝶　　　*Parnassius stubbendorfii* Ménétriés, 1849

●别名：灰毛白绢蝶。

中型绢蝶，翅展60～65 mm。翅背面白色，半透明如绢，翅脉黑色。雄蝶前翅外缘隐现半透明暗带，有的个体则完全无斑纹。雌蝶亚外缘暗带比较明显，中室有2个淡灰色的斑。后翅内缘臀缘黑色，并着灰白色长毛。雌蝶尾部白色角质臀袋明显。腹面斑纹与背面类似（图4-8、图4-9）。

1年1代，以卵越冬，成虫多见于6—7月，栖息地多在海拔2 500～3 000m的山区，飞行较缓慢（图4-10）。

● 分布：国外分布于俄罗斯、蒙古、日本及朝鲜半岛；国内分布于北京、黑龙江、辽宁、四川、甘肃、青海、西藏等地。北京常见于延庆区松山自然保护区内。

● 寄主：马兜铃、紫堇等。

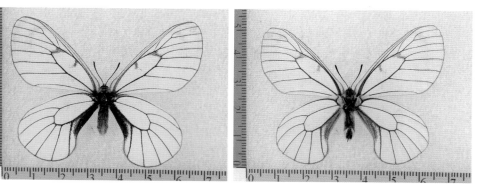

图4-8　白绢蝶（♂，背面）　　　图4-9　白绢蝶（♂，腹面）

图4-10　白绢蝶（生态照）

4.4　冰清绢蝶　*Parnassius glacialis* Butler, 1866

中型绢蝶。翅背面白色，半透明如绢，翅脉黑色。前翅亚外缘隐现灰色横带，中室有2个淡灰色的斑。后翅内缘区有1条宽黑带。腹面斑纹与背面类似（图4-11）。

1年1代，以卵越冬，成虫多见于6—7月。

●分布：国外分布于日本及朝鲜半岛；国内分布于北京、辽宁、山东、江苏、浙江、贵州等地。北京常见于密云区山区。

●寄主：马兜铃科、紫堇科等科植物。

图4-11　冰清绢蝶（生态照）

5 粉蝶科

粉蝶科种类分布较广，世界上已知 1 200 多种，中国已经记录150多种，北京地区已发现17种，本书记录到13种。粉蝶科有多种农林害虫，如菜粉蝶就是十字花科蔬菜重要的害虫之一。

5.1　东亚豆粉蝶　*Colias poliographus* Motschulsky, 1860

● 别名：黄色豆粉蝶。

中型粉蝶，雄蝶体长 17 ~ 20 mm，翅展 44 ~ 55 mm，雌蝶体长 15 ~ 18 mm，翅展 46 ~ 59 mm。成虫可分为普通型、橙色型、黄色型和淡色型 4 种，普通型最为常见。体躯黑色。头胸部密被灰色长鳞毛，头及前胸茸毛端部红褐色。腹部被黄色鳞片和灰白色短毛，腹面色淡。触角红褐色，锤部色较暗。复眼灰黑色，下唇须黄白色，端部深紫色。足淡紫色。翅色变化较大，一般为黄色或淡绿色，中室端部有 1 个黑斑，外缘有 1 个黑色宽带，带中有 1 列形状不规则的淡色斑，Cu_1 与 Cu_2 脉间色斑较大，M_3 与 Cu_1 脉间缺淡色斑。后翅中室端部有 1 个橙色斑，端带黑色模糊。翅腹面黄色，前翅中室端部 1 个明显黑斑，亚外缘 1 列明显黑斑，后翅中室与背面橙色斑对应的斑呈眼状，外有褐色圈，有时会分成大小斑各 1 个。雌蝶有两种类型，一种翅为淡白黄色，易与雄性区别；另一种为黄色，从斑纹和颜色上较难与雄性区别，只能看腹部的外生殖器（图 5-1 至图 5-4）。

东亚豆粉蝶 1 年 2 代，通常以幼虫或蛹越冬。卵散产，蛹为缢蛹。从春天到深秋，从山顶到花园都能看到此蝶的身影，是较常见的蝴蝶之一（图 5-5）。

● 分布：国外见于俄罗斯、日本等地，国内北京、山西、内蒙古、辽宁、吉林、黑龙江、江苏、浙江、福建、江西、河南、湖北、湖南、海南、四川、贵州、云南、西藏、陕西、甘肃、青海、宁夏、新疆、台湾等地的大部分地区均有记录。

● 寄主：豆科的苜蓿、野豌豆、大豆、紫花苜蓿、紫云英，红车轴草等。

图5-1　东亚豆粉蝶（♀，背面）

图5-2　东亚豆粉蝶（♀，腹面）

图5-3　东亚豆粉蝶（普通型，背面）

图5-4　东亚豆粉蝶（普通型，腹面）

图5-5　东亚豆粉蝶（生态照）

5.2 橙黄豆粉蝶 *Colias fieldii* Ménétriés, 1855

● 别名：橙色豆粉蝶、橙黄粉蝶。

中型粉蝶，翅展43～58 mm。雌雄异型。翅背面为橙红色。前后翅外缘有黑色宽带，雌蝶在带中有1列橙黄色的斑纹，雄蝶无此斑纹，但黑带内缘较雌蝶整齐。前翅中室端有1个黑斑，后翅中室端有1个黄色斑，雄蝶后翅前缘近基部有1个浅黄色性标。缘毛粉红色。翅腹面颜色淡，亚端有1列暗色斑（图5-6至图5-9）。

1年多代，成虫多见于4—10月，较常见，喜访花。在北京此蝶数量较少，在延庆区10月数量会增多，能看到其在花丛中飞舞，非常醒目，飞行较快。

图5-6 橙黄豆粉蝶（♂，背面）

图5-7 橙黄豆粉蝶（♂，腹面）

图5-8 橙黄豆粉蝶（♀，背面）

图5-9 橙黄豆粉蝶（♀，腹面）

● 分布：国外见于尼泊尔、不丹、巴基斯坦、缅甸等国家及印度北部；国内见于北京、山西、陕西、黑龙江、山东、湖南、湖北、广西、四川、贵州、云南、西藏、青海、甘肃等地。

● 寄主：白花车轴草、苜蓿、大豆、百脉根等豆科植物。

5.3 　黎明豆粉蝶　*Colias heos* (Herbst, 1792)

● 别称：曙色豆粉蝶、曙光豆粉蝶。

中大型粉蝶，体型明显较大，翅展55～65 mm。雌雄异型。雄蝶翅背面为鲜橙红色，前翅外缘带黑色、较窄；翅脉整体黑色，在外缘带内为黄色；前翅中室端斑黑色，后翅中室端斑橙黄色，后翅前缘近基部有1个较大的粉黄色卵形性标；缘毛粉红色。雄蝶翅腹面的前翅端部和后翅为褐黄色或暗绿黄色，亚外缘的斑列消失，中室斑银白色，在前翅围有黑色边框，在后翅常伴有1枚小圆斑。雌蝶多型，分为基本型、绿色型等5～6种色型。基本型翅背面橙黄色，前翅外缘黑带宽，带内有1列黄斑，但在m₃室的黄斑消失；中室端斑大。后翅中室端斑橙红色，较大；臀区和外缘黑褐色，有时整个翅面都呈黑褐色；亚端有1列黄色斑。基本型翅腹面颜色较雄蝶深，后翅中室端斑白色，伴有1个小白点。绿色型前翅黄绿色，基部1/3和端部1/3蓝黑色，中室端斑黑色，有1列断续的绿黄色亚缘斑；后翅蓝黑色，前缘白色，中室端斑及亚缘斑列黄绿色（图5-10、图5-11）。

每年发生1代，成虫多见于6—7月，活动于亚高山草甸环境。雄性常在溪边湿地吸水或花间采蜜，飞行较快，雌性平时多伏于草丛当中，不受

图5-10　黎明豆粉蝶（♂，背面）

图5-11　黎明豆粉蝶（♂，腹面）

惊动不易被发现（图5-12）。有很多蝶友以集齐这些雌蝶各种色型为乐趣。

●分布：国外见于蒙古、俄罗斯等地，国内主要分布于北京、河北、内蒙古、黑龙江、辽宁等地。北京常见于老帽山、海坨山和东灵山等。

●寄主：野豌豆、黄芪、车轴草等豆科植物。

图5-12　黎明豆粉蝶（生态照）

5.4　宽边黄粉蝶　*Eurema hecabe* (Linnaeus, 1758)

●别名：合欢黄粉蝶、含羞黄蝶、银欢粉蝶、黄粉蝶、宽边小黄粉蝶。

中小型粉蝶，雌蝶体长13.6～18.6 mm，翅展36.2～51.6 mm；雄蝶体长12.5～17.6 mm，翅展35.5～49.2 mm。触角短，棒状部黑色。身体腹面黄色，背面深褐色。翅深黄色到黄白色。前翅顶区和外缘区有黑色纹，并在前翅外缘区向外呈"M"形凹陷，前翅缘毛黄褐掺杂。雄蝶色深，中室下脉两侧有白色长形性斑。后翅外缘黑带窄而界限模糊，或仅有短斑点。前翅腹面黄色，散布较多黑褐色鳞片。前翅在中室内有2个斑，中室的端脉上有1个肾形斑。后翅腹面有分散的小点，中室端有1枚肾形纹。分夏、秋两型。夏型翅背面浓黄色，前翅顶角和外缘黑色带宽而明显，后翅外缘黑色带窄且界线模糊，翅腹面散布淡褐色小斑。秋型翅背面淡黄色，只有前翅顶角有较窄的黑带纹，但在有些个体中几乎消失；翅腹面，前翅中室中部端部和顶角处以及后翅上散布有浅褐色鳞片和深褐色小斑，背面可透见，后翅前缘近基部略凸出，呈不规则圆弧形，雌蝶后翅前缘圆滑（图5-13）。

1年多代，成虫在南方几乎全年可见，数量十分丰富。

●分布：国外见于亚洲、非洲的热带和亚热带地区及澳大利亚。国内北京、上海、江苏、江西、浙江、福建、广东、海南、香港、广西、四川、云南、贵州、西藏、湖北、湖南、陕西、甘肃、河北、河南、山东等地均有分布。

●寄主：大戟科的黑面神、土密树；苏木科的决明；金丝桃科的黄牛木；鼠李科的雀梅藤；蝶形花科的田菁；豆科的合欢、胡枝子、皂荚和小扁豆等。

图5-13　宽边黄粉蝶（生态照）

5.5　淡色钩粉蝶　*Gonepteryx aspasia* Ménétriés, 1859

●别名：锐角钩粉蝶、尖角鼠李蝶、锐角翅粉蝶。

中大型粉蝶，翅展52～70 mm。雄蝶总体呈嫩黄绿色，前翅背面硫黄色到柠檬黄色，后翅浅黄色。中室端斑小而圆，浅橙红色。前翅顶角和后翅臀角中等突出。腹面呈很浅的乳黄色，前翅中部和基部有较暗的淡黄色区域。雌蝶绿白色，偏嫩绿，翅狭长，斑纹与雄蝶类似。腹面乳白色，但前翅中部和基部白色（图5-14至图5-19）。

成虫多见于5—9月，最高可分布在海拔1 700m的地区。喜群栖于溪边或路旁的阴湿处，较易捕捉。图5-16和图5-17的标本是在北京延庆区井庄的一个小山坳的朝阳面捕到的，当时是2月底，天气还是很冷的，该个体颜色比较淡，开始还误以为是一个纸片在随风飘飞。

●分布：国外见于日本、俄罗斯及朝鲜半岛；国内见于北京、河北、山西、黑龙江、吉林、辽宁、江苏、福建、四川、云南、西藏、陕西、甘肃、青海等地。北京常见于延庆、密云、怀柔、门头沟等地山区。

● 寄主：鼠李、枣及酸枣等。

图5-14　淡色钩粉蝶（♂，背面）　　　　图5-15　淡色钩粉蝶（♂，腹面）

图5-16　淡色钩粉蝶（♀，背面）（1）　　图5-17　淡色钩粉蝶（♀，腹面）（1）

图5-18　淡色钩粉蝶（♀，背面）（2）　　图5-19　淡色钩粉蝶（♀，腹面）（2）

5.6　钩粉蝶　　*Gonepteryx rhamni* (Linnaeus, 1758)

● 别名：角钩粉蝶、鼠李粉蝶、钩翅粉蝶、钩翅黄蝶等。

中大型粉蝶，翅展 60 ~ 75 mm。头胸部背面黑色，腹面黄色。雄蝶前翅背面深柠檬黄色，顶角突出成钩状，前缘和外缘有脉端点，中室端脉上有暗橙红色圆斑 1 枚；后翅色稍淡，也有脉端点，中室端部也有 1 个橙红色斑，比前翅斑稍大。外缘有紫褐色小点。雌性前、后翅的底色为淡黄白色，中室端暗褐色，后翅有 2 ~ 3 脉很粗（图 5-20 至图 5-23）。

成虫多见于 7—8 月，栖息于开口的稀疏林地，飞行有力，两性都访花。

● 分布：国外见于日本、尼泊尔、印度、缅甸、朝鲜半岛，以及欧洲、非洲部分地区；我国东北地区，以及甘肃、陕西、宁夏、浙江、湖南、湖

图 5-20　钩粉蝶（♂，背面）

图 5-21　钩粉蝶（♂，腹面）

图 5-22　钩粉蝶（♀，背面）

图 5-23　钩粉蝶（♀，腹面）

北、四川、河南、河北、北京都有分布。北京海淀、怀柔、门头沟、延庆等地山区比较常见。

● 寄主：鼠李、枣及酸枣。

5.7	绢粉蝶	*Aporia crataegi* (Linnaeus, 1758)

● 别名：苹粉蝶、山楂粉蝶、山楂绢粉蝶、梅白蝶、树粉蝶。

中大型粉蝶，翅展 50～80 mm。体黑色，头胸及足被淡黄白色至灰白色鳞毛。触角棒状，端部淡黄色。雄蝶翅白色，翅脉黑色，前翅外缘除臀脉外各脉末端均有烟黑色的三角形斑纹。后翅的翅脉细，黑色明显，鳞粉分布较前翅厚，呈灰白色。翅腹面脉纹较背面明显，常散布一层淡灰色鳞片。雌蝶整体偏赭黄色，翅脉黑褐色，前翅背面顶角泛黄色，中室及后缘呈半透明状。腹面与背面类似，呈黄灰色（图5-24、图5-25）。

1年1代，成虫多见于5—7月，6月最盛，此蝶发生期数量极多，个体较大，洁白飘逸，玉渡山、松山都能见到，有时甚至还会飞到平地的花园中，和小檗绢粉蝶同时发生，常在河边湿地、沙滩上集群饮水，可形成上百只的较大群体，雪白的一大片，非常壮观，2018在大海陀村边的河滩上就出现了这样的情景。

● 分布：国外见于俄罗斯、日本，以及朝鲜半岛；国内分布于山西、内蒙古、青海、湖南、陕西、东北、河南、宁夏等地。北京多见于密云、门头沟、延庆、怀柔等地山区。

● 寄主：蔷薇科的苹果、梨、山楂等果树和山杨、卵叶桦、山柳等。

图5-24 绢粉蝶（♂，背面）

图5-25 绢粉蝶（♂，腹面）

5.8　小檗绢粉蝶　　*Aporia hippia* (Bremer, 1861)

中型粉蝶。翅形长，雄蝶翅色发黄，翅脉黑色。前翅背面翅脉两侧的黑边向端部加宽，在外缘形成密集的三角形斑纹缘带，中室端黑纹明显。后翅背面翅脉较淡，黑褐色，中室较长较窄。雌蝶翅色偏淡黄色，中室及后缘鳞片呈较弱的半透明状。腹面与背面相似，但前翅顶角和后翅黄色，翅脉两侧的黑边更明显，基部有黄色斑（图5-26、图5-27）。

1年1代，成虫多见于6—7月。常与绢粉蝶混合发生，个体略小，幼虫在小檗属植物上织出丝巢越冬，非常奇特。

● 分布：国外见于日本、俄罗斯及朝鲜半岛等；国内主要分布于北京、内蒙古、河南、陕西、山西、甘肃等地。北京门头沟、延庆、怀柔等地山区有见。

● 寄主：小檗科植物。

图5-26　小檗绢粉蝶（♀，背面）　　　图5-27　小檗绢粉蝶（♀，腹面）

5.9　菜粉蝶　　*Pieris rapae* (Linnaeus, 1758)

● 别名：白粉蝶、菜白蝶、小菜粉蝶、菜青虫等。

中型常见粉蝶，成虫体长15～19 mm，翅展35～55 mm。雄蝶粉白色，头大，额区密被白色及灰黑色长毛。眼大，圆凸、裸出、赭褐色。下唇须较长，向前伸，腹面密被长毛，基部白色，端部黑色。触角正面黑褐色，两侧各有1条由白鳞组成的纵线纹，断续呈竹节状，腹面及锤节末端浓

橙色。胸部背面底色深黑色，布满灰白色长鳞毛。胸足底色黄褐色，密被
白鳞，侧背面有黑纵线1条。雄蝶前翅呈三角形，翅面白色，近基部散布
黑色鳞片；顶角区有1枚三角形的大黑斑；外缘白色；m_3室及cu_2室各有1
枚黑斑，后者常趋于退化或消失。后翅略呈卵圆形，白色，基部散布黑色
鳞，顶角附近饰有1枚黑斑。前翅腹面大部分白色，顶角区密被淡黄色鳞
片；前缘近基部黄绿色，其间杂有灰黑色鳞片，肩角边缘深黄色。后翅腹
面布满淡黄色鳞片，其间疏布灰黑色鳞，在中室下面最为密集醒目。腹部
底色深黑色，密被白鳞。雌蝶体型略大，翅背面淡灰黄白色，斑纹排列同
雄蝶，但颜色浓。翅腹面斑纹也与雄蝶相同，但黄鳞色更浓，极易与雄蝶
区别（图5-28、图5-29）。

　　1年发生3～9代，以蛹越冬，2—10月都能见到成虫，数量很多，成虫
喜访花，飞行缓慢。雄蝶有领域行为。卵散产。菜粉蝶，如其名，要找它去

图5-28　菜粉蝶（背面）

图5-29　菜粉蝶（腹面）

图5-30　菜粉蝶（生态照）

菜园是最好的选择。它们喜欢围着菜园里的萝卜、白菜、卷心菜等十字花科的蔬菜打转。它们是植物分类的高手，不同的十字花科植物虽然外形上千差万别，但是它们能轻松分辨清楚，并在这些菜上产卵，繁殖后代（图5-30）。

● 分布：世界广布，我国各地均有分布。
● 寄主：十字花科、白花菜科、金莲花科植物等。

5.10　黑纹粉蝶　*Pieris melete* Ménétriés, 1857

中型粉蝶，成虫翅展50～65 mm。雄蝶翅白色，脉纹黑色。前翅前缘及顶角黑色，外缘中脉各支的末端有黑斑点；亚外缘有1个明显的大黑斑及1个模糊的黑斑。后翅前缘外方有1个黑色牛角状黑斑，有些个体后缘脉端的黑色加粗。前翅腹面的顶角淡黄色，亚外缘下方的黑斑明显。后翅腹面具黄色鳞粉，基角处有1个橙色斑点，脉纹褐色明显。雌蝶基部淡黑褐色，黑色斑及后缘末端的条纹扩大，脉纹明显比雄蝶粗，后翅外缘有黑色斑点或横带，其余同雄蝶。本种有春、夏两型，春型较小，翅形稍细长，黑色部分较深；夏型较大，体色淡（图5-31、图5-32）。

1年多代，以蛹越冬，成虫多见于2—9月。卵散产。

● 分布：国外见于朝鲜半岛、西伯利亚等地区及日本；国内见于河北、上海、浙江、安徽、福建、江西、河南、湖北、湖南、广西、四川、贵州、云南、西藏、陕西、甘肃等地。北京见于延庆山区。
● 寄主：幼虫取食叶片和荚果，主要为十字花科蔬菜。

图5-31　黑纹粉蝶（背面）　　　　图5-32　黑纹粉蝶（腹面）

5.11 云粉蝶 *Pontia edusa* (Fabricius, 1777)

● 别名：花粉蝶、云斑粉蝶、花斑云粉蝶。

中小型粉蝶，成虫体长 12 ~ 22 mm，翅展 33 ~ 53 mm。雄蝶前翅背面白色，中室端 1 枚黑色斑，顶角至臀角处有宽的黑色外缘带，上有 3 ~ 4 个小白斑，顶角处的白斑有 1 条白线连到翅缘。腹面黄绿色，中室基半部覆黄绿色鳞粉，从前缘经外缘到内缘有 9 ~ 10 个近圆形的短白斑，中域有 1 条白带，中室内有 1 个圆形的白斑。雌蝶前翅背面基部和前缘基部到中室端都密布有黑褐色鳞粉。后翅背面亚外缘处有 1 条褐色带，并逐渐变浅，部分脉端也有褐色斑。本种春秋型差异较大，春型个体小，后翅腹面为深褐色；秋型个体大，后翅腹面黄绿色（图 5-33 至图 5-35）。

成虫 4—10 月出现，数量很多。

图 5-33　云粉蝶（背面）　　　　图 5-34　云粉蝶（腹面）

图 5-35　云粉蝶（生态照）

●分布：国外见于埃塞俄比亚和印度西北部，以及西伯利亚、欧洲、非洲北部等地区；国内分布于北京、河北、内蒙古、山西、辽宁、吉林、黑龙江、上海、江苏、山东、河南、广西、四川、云南、西藏、甘肃、新疆、宁夏等地。

●寄主：木樨草属、旗杆芥属、大蒜芥属、欧白芥属、庭芥属等植物。

5.12　黄尖襟粉蝶　*Anthocharis scolymus* Butler，1866

●别名：黄襟粉蝶、钩角襟粉蝶。

小型粉蝶，体长15～18 mm，翅展40～50 mm。雄蝶前翅狭长，中室端具1个黑色肾形斑，顶角尖出，略呈钩状，具3个呈三角形分布的黑斑，其中1个橙黄色斑；雄蝶后翅背面白色，腹面密布云状斑，基部绿褐色，端部棕黄色，背面可以透视反面花纹。雌蝶与雄蝶相似，但前翅背面顶角区域的橙黄色斑为白色（图5-36）。

1年1代，以蛹越冬，成虫多见于4—6月，喜访花，飞行缓慢。

●分布：国外分布于日本、俄罗斯及朝鲜半岛等；我国分布于黑龙江、吉林、辽宁、北京、青海、山西、陕西、河北、河南、浙江、上海、安徽、福建等地。北京海淀区、门头沟区常见。

●寄主：油菜、碎米荠、诸葛菜等十字花科植物。

图5-36　黄尖襟粉蝶（生态照）

5.13　突角小粉蝶　*Leptidea amurensis* (Ménétriés, 1859)

小型粉蝶，翅展38～48 mm。体细长纤弱，全翅白色。前翅狭长，外缘近直线倾斜，顶角明显突出。雄蝶顶角黑斑大而明显，雌蝶顶角黑斑不明显或缺失。腹面白色，前翅有黄色顶角斑，后翅有灰色阴影。春夏型有差异，春型小，黑色斑纹淡化，夏型个体较大，斑纹深（图5-37、图5-38）。

成虫多见于4—7月，常见于中高海拔山区林缘及高山、亚高山草甸，成虫喜访花（图5-39）。

● 分布：国外分布于日本、俄罗斯及朝鲜半岛等；国内主要分布于北京、黑龙江、吉林、辽宁、内蒙古、新疆、甘肃、宁夏、陕西、山西、河南、河北等地。

● 寄主：碎米荠，荚香野豌豆等野豌豆属植物。

图5-37　突角小粉蝶（♂，背面）

图5-38　突角小粉蝶（♂，腹面）

图5-39　突角小粉蝶（生态照）

6 眼蝶科

眼蝶多分布于高山区，有少数种类在开阔地区活动，活动地点多在树丛中或草灌丛中，飞翔时呈跳跃状。本科世界上已记录3 000多种，我国有360多种，在北京地区已发现有28种，本书收录到23种。

6.1 藏眼蝶　*Tatinga thibetana* (Oberthür, 1876)

● 别名：西藏带眼蝶。

中型眼蝶，翅展52～55 mm。体翅暗褐色。背面前翅中室端和顶角间各有1列断续分布的淡黄褐色斑纹；后翅外缘波状，隐约可见黑色斑纹，可透视腹面斑纹；缘毛白色与暗褐色相间。腹面灰白色，斑纹黑褐色，但前翅端半部黑色，斑纹黄褐色，中室外侧2列淡黄斑较背面清晰，顶角内方有1个黑褐色眼斑，具黄褐色圈，瞳点白色，后缘色淡；后翅黄白，亚外缘有6个黑色圆斑，第1个特别大，瞳点白色，外缘、中域和基部有不规则的同色斑纹（图6-1、图6-2）。

1年发生1代，成虫发生期7—8月，成虫多活动于草灌丛中或路边坡地处。

● 分布：国内分布于北京、河南、湖北、陕西、青海、宁夏、四川、西藏。北京东灵山可见。

图6-1　藏眼蝶（背面）

图6-2　藏眼蝶（腹面）

● 寄主：禾本科牧草。

6.2　斗毛眼蝶　*Lasio mmata deidamia* (Eversmann, 1851)

● 别名：斗眼蝶。

中型眼蝶，翅展52～55 mm。体翅黑褐色。翅背面黑褐色，前翅基部1条脉明显加粗，顶角内侧有1个黑眼斑，瞳点白色，具不明显的黄褐圈；黑眼斑下方斜向有2条稍相错开的黄褐色短带纹，雄蝶中室下侧有1条暗色性标；后翅亚缘区有2～3个黄圈黑眼斑，缘毛白色，脉端黑色。翅腹面色淡，前翅斑纹同背面，较显著；后翅亚缘区有6个具黄褐圈的黑眼斑，瞳点白色，眼纹内侧有1条黄褐色弧形条纹，外侧也有1条环形线纹（图6-3、图6-4）。

1年多代，成虫多见于5月和7—9月，成虫活动范围较大，可分布至海拔2 300m处，飞行能力较强，喜落于路边岩石上，北京金山一带5月中旬蝶量较大（图6-5）。

图6-3　斗毛眼蝶（背面）　　　　图6-4　斗毛眼蝶（腹面）

图6-5　斗毛眼蝶（生态照）

● 分布：国外见于日本、俄罗斯及朝鲜半岛等地；国内分布于北京、内蒙古、陕西、青海等地。北京很多山地均有发生，为北京眼蝶科中最常见种。

● 寄主：鹅观草、野青茅等禾本科植物。

6.3 多眼蝶 *Kirinia epaminondas* (Staudinger, 1887)

中型眼蝶，翅展55～60 mm，体翅褐色。前翅背面Sc脉基部加粗，中室内有3条暗色横条纹，亚缘有1列黄斑呈弧形排列，近顶角内有2个黄斑，其间夹1个黑眼斑。后翅波状，基部及内缘有暗褐色长鳞毛，亚缘有6个具黄褐色圈的眼状斑，缘毛黄白色，脉端褐色。翅腹面淡黄褐色，翅脉暗褐色，斑纹比背面清晰。后翅基半部密布不规则暗褐色条纹，亚缘区6个眼状斑极清晰，具杏黄色环，瞳点白色，端部有2条黄色波状细线纹。雌蝶个体较大，翅色谈，前翅黄色斑纹较雄蝶清晰（图6-6、图6-7）。

1年1代，成虫多见于7—8月。成虫多活动于草灌丛中，飞行不快，喜停落于树干上，由于体色灰暗不太能引人注意（图6-8）。

● 分布：国外见于俄罗斯和朝鲜半岛；国内分布于北京、黑龙江、辽宁、河北、河南、山东、山西、陕西、湖北、四川、浙江、江西、福建等地。

● 寄主：不详。

图6-6 多眼蝶（背面）　　　　　图6-7 多眼蝶（腹面）

图6-8 多眼蝶（生态照）

6.4 白眼蝶 *Melanargia halimede* (Ménétriés, 1859)

● 别名：稻白眼蝶。

中型眼蝶，翅展58～62 mm。躯体黑色。翅白色，翅脉黑色。翅背面，前翅Sc脉特别加粗，翅前缘、外缘、后缘大部分区域黑色，中室外端有1条斜向不规则黑带纹，外缘带黑褐色；后翅波状，基部覆黑褐色鳞片，亚外缘带黑色，呈齿状，缘毛白色，脉端黑色。翅腹面，前翅近顶角有2个黑色圆斑，中室端有2个相连的近长方形黑褐色斑。后翅亚缘区黑色区域内有黄圈黑眼斑6枚，瞳点白色，其中m_3室、cu室内眼状斑最大。雌蝶翅面色淡，后翅腹面多呈淡黄色（图6-9至图6-12）。

1年1代，成虫多见于7—8月。成虫喜访花，多活动于海拔500～2 300m处的林丛及草灌丛中。此蝶是山区常见的蝶类，发生期数量巨大，

图6-9 白眼蝶（♂，背面）

图6-10 白眼蝶（♂，腹面）

从亚高山草甸到低山丘陵都能见到,飞行速度不快。

●分布:国外见于蒙古、俄罗斯及朝鲜半岛;我国东北、华北、西北、华东、华中等地区都有分布。北京延庆、门头沟、房山、密云、怀柔、海淀等地山区可见。

●寄主:水稻、竹等禾本科植物。

图6-11 白眼蝶(♀,背面)　　　图6-12 白眼蝶(♀,腹面)

6.5　云眼蝶　*Hyponephele lycaon* (Rottemberg, 1775)

小型眼蝶。雄蝶翅背面棕褐色,前翅近顶角处有1个黑色眼斑,雌蝶前翅端部有黄色区,内有2个黑斑。翅腹面颜色浅,后翅灰褐色,黑色中横线中断圆形凸出(图6-13、图6-14)。

●发生信息:不详。

图6-13 云眼蝶(背面)　　　图6-14 云眼蝶(腹面)

黑色，缘毛白色。腹面斑纹与背面相同（图6-27、图6-28）。

1年发生1代，成虫多见于5—7月，多活动于灌木丛上方空旷处。

● 分布：国外分布信息不详；国内分布于北京、辽宁、河南、山西、陕西、甘肃、湖北等地。北京延庆、门头沟、密云、怀柔等区可见。

● 寄主：禾本科的羊胡子草。

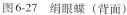

图6-27　绢眼蝶（背面）

图6-28　绢眼蝶（腹面）

6.11　阿矍眼蝶　*Ypthima argus* Butler, 1878

● 别名：黑波六眼蝶。

中小型眼蝶，翅展40～45 mm。体翅暗褐色。雄蝶前翅基部1条脉明显膨大，顶角内方有1个大型黄圈黑眼斑，双瞳点，蓝色。后翅翅基及中室部位多毛列，亚缘区黑色眼斑6枚，具黄圈，瞳点蓝色，中部2个较大，臀角处2个极小或愈合成1个，雄蝶前缘处2个常消失。翅腹面，前翅多密布白色波状细线纹，斑纹同背面；后翅波状线纹明显，斑纹同背面（图6-29、图6-30）。

1年多代，成虫多见于5—8月。成虫多活动在草灌丛中，飞行多跳跃状，距地表不高。6月在延庆旧县汽车露营地的河边杨树林里，这种蝴蝶很多，是少有的爱在树荫里活动的蝴蝶（图6-31）。

● 分布：国外见于俄罗斯、日本及朝鲜半岛；国内分布于北京、黑龙江、吉林、河北等地。

● 寄主：结缕草、芒等禾本科植物。

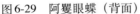

图6-29　阿矍眼蝶（背面）　　　　　图6-30　阿矍眼蝶（腹面）

图6-31　阿矍眼蝶（生态照）

6.12 密纹矍眼蝶　*Ypthima multistriata* Butler, 1883

中小型眼蝶。翅深褐色，翅形稍窄，前翅和后翅背面各有1个小眼斑，其中雄蝶的眼斑无鲜明的黄色环纹；翅腹面灰白色，密布褐色波纹，后翅外侧具3个眼斑（图6-32、图6-33）。

1年1代，亚热带地区成虫多见于4—11月。

● 分布：国外见于日本和朝鲜半岛；国内分布于北京、辽宁、河北、河南、江苏、上海、浙江、福建、江西、贵州、四川、云南、台湾等地；北京延庆的山区可见。

● 寄主：芒、棕叶狗尾草等多种禾本科植物。

图6-32　密纹矍眼蝶（背面）

图6-33　密纹矍眼蝶（腹面）

6.13　白瞳舜眼蝶　*Loxerebia saxicola* (Oberthür, 1876)

中型眼蝶，前翅中区带红褐色，眼斑斜形，两瞳点同样大小，倾斜排列；后翅臀区眼斑微小。腹面前翅红褐色，眼斑及黄色围圈明显；后翅灰褐色，有波状的内中线及中线（图6-34、图6-35）。

1年1代，成虫8—9月发生。8月份玉渡山、松山数量很多，喜欢在沙土路上飞行，飞行速度慢，不难看到（图6-36）。

- 分布：国外分布信息不详；国内分布于北京、甘肃、湖北、湖南等地。
- 寄主：不详。

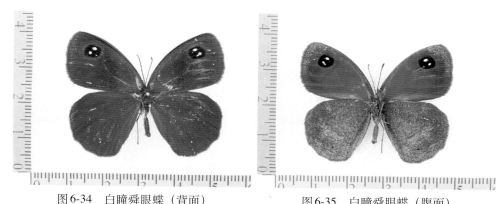

图6-34　白瞳舜眼蝶（背面）

图6-35　白瞳舜眼蝶（腹面）

63

图6-36 白瞳舜眼蝶（生态照）

6.14 蒙古酒眼蝶 *Oeneis mongolica* (Oberthür, 1876)

小型眼蝶，翅展45～48 mm。体翅棕黄色，翅脉暗褐色。前翅m_1和cu_1室各具1个黑眼斑，瞳点白色，翅前缘、外缘暗褐色带较宽阔；后翅亚缘区1列黑眼斑，成弧形排列，外缘暗褐色。翅腹面土黄色，前翅眼纹同背面，后翅大面积棕褐色，水波状纹，无眼斑（图6-37、图6-38）。

1年1代，北京近郊区发生期4—5月，远郊区5月下旬至7月初。近郊区发生在海拔300m以上山地，远郊区高山之巅常有分布。成虫多活动于草灌丛中，飞行较快（图6-39）。

● 分布：国外见于蒙古等地；国内分布于北京、河北、内蒙古等地。

● 寄主：不详。

图6-37 蒙古酒眼蝶（背面）

图6-38 蒙古酒眼蝶（腹面）

图6-39 蒙古酒眼蝶（生态照）

6.15 爱珍眼蝶 *Coenonympha oedippus* (Fabricius, 1787)

　　小型眼蝶。翅面黑褐色，雄蝶翅无眼斑；雌蝶翅颜色稍淡，后翅可隐约透视腹面眼斑。翅腹面黄褐色，前翅亚缘有黑斑，雌蝶3～4个，雄蝶1～2个或消失；后翅大都有5～6个眼斑，眼斑周围有黄色围环，后翅眼斑瞳点银色（图6-40至图6-42）。

　　1年1代，成虫多见于6—8月。

　　●分布：国外见于日本、朝鲜、蒙古；国内分布于北京、黑龙江、吉林、辽宁、山东、山西、河南、甘肃、陕西、江西等地。

　　●寄主：不详。

图6-40 爱珍眼蝶（背面）

图6-41 爱珍眼蝶（腹面）

图6-42　爱珍眼蝶（生态照）

6.16　牧女珍眼蝶　*Coenonympha amargllis* (Stoll, 1782)

　　小型眼蝶。翅背面黄色，前翅亚外缘有3～4个模糊的黑斑，前缘和外缘棕褐色；后翅外缘棕褐色，亚外缘有6个黑色眼斑。前翅腹面亚外缘有4～5个眼斑，瞳点白色，其两侧有橙红色条纹，后翅基半部灰色略显黄绿色，眼斑内有波状白带（图6-43、图6-44）。

　　1年多代，成虫多见于5—9月。此蝶是眼蝶中最常见的种类，从4月下旬到9月，在延庆从高山到平原地头都能见到该蝶（图6-45）。

图6-43　牧女珍眼蝶（背面）

图6-44　牧女珍眼蝶（腹面）

● 分布：国外分布于俄罗斯、日本及朝鲜半岛等地；国内见于北京、河北、河南、山东、陕西、甘肃、宁夏、青海等地。

● 寄主：不详。

图6-45　牧女珍眼蝶（生态照）

6.17　英雄珍眼蝶　*Coenonympha hero* (Linnaeus, 1761)

小型眼蝶。翅背面褐色或者淡黄色，亚缘线白色，前翅亚外缘可见1～2个具橙色围圈的黑色眼斑，后翅亚外缘有4～5个具橙红色围圈的黑色眼斑；前翅腹面有1条白色横带，后翅白色横带外侧呈锯齿状，翅基半部色浓，眼斑黑色有白瞳点，周围有黄圈（图6-46、图6-47）。

1年1代，成虫多见于5—7月。常活动于800～1 200m的落叶阔叶林地，喜访花，常停落在植物叶片正面或草灌底部，飞行缓慢。

图6-46　英雄珍眼蝶（背面）　　图6-47　英雄珍眼蝶（腹面）

● 分布：国外见于日本、俄罗斯及朝鲜半岛等地，国内分布于北京、黑龙江等地。

● 寄主：不详。

6.18 油庆珍眼蝶 *Coenonympha glycerion* (Borkhausen, 1788)

小型眼蝶。翅背面只有后翅亚外缘隐约可见3～5个小眼斑。翅腹面色较淡，后翅外缘有6个大小不等的眼斑，在内侧有不规则的白斑（图6-48至图6-51）。

该种在7月的亚高山草甸比较多，像海坨山、东灵山都有大量分布，飞行较慢，喜访花，但个体较小，颜色灰暗，不太引人注目。

● 分布：国外见于俄罗斯、哈萨克斯坦等地；国内分布于北京、河北、山西、新疆等地。

● 寄主：不详。

图6-48 油庆珍眼蝶（背面）（1）

图6-49 油庆珍眼蝶（腹面）（1）

图6-50 油庆珍眼蝶（背面）（2）

图6-51 油庆珍眼蝶（腹面）（2）

6.19　　阿芬眼蝶　　*Aphantopus hyperantus* (Linnaeus, 1758)

● 别名：草眼蝶。

中小型眼蝶，翅展42～46 mm。体翅黑褐色。背面前翅基部2条脉膨大，中室外侧斜向后角有3个黄圈黑眼斑，排成1列；后翅m_3和cu_1室各具1个黄圆黑眼斑，瞳点白色。翅腹面棕褐色，前翅斑纹同背面，后翅亚缘区黄圈黑眼斑5个，瞳点白色，前2个位于前缘中部，上下排列，与后3个分离（图6-52、图6-53）。

1年1代，成虫多见于6—7月。活动于草灌丛底部，亦喜访花，飞行力较弱。在北京东灵山亚高山草甸上，数量极多，与蛇眼蝶、白眼蝶成为同时期眼蝶科优势种。

● 分布：国外见于俄罗斯、蒙古，以及朝鲜半岛和欧洲西部；国内分布于北京、河北、内蒙古、云南、四川、西藏等地。

● 寄主：不详。

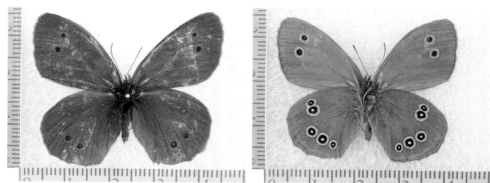

图6-52　阿芬眼蝶（背面）　　　　　　　图6-53　阿芬眼蝶（腹面）

6.20　　银蟾眼蝶　　*Triphysa phryne* (Pallas, 1771)

小型眼蝶。雄蝶翅背面黑褐色，亚缘斑隐约或清晰，缘线黄白色，缘毛灰色；雌蝶黄白色，腹面黄褐色，翅脉白色清晰，根据产地不同亚缘黑斑或有或无（图6-54至图6-57）。

1年1代，成虫多见于5—6月。此蝶在延庆出现于4月下旬，到5月下旬消失，五一前后是此蝶羽化高峰期，在石灰岩的低矮山地尤其多，如团山、井庄镇附近的小山都能见到。往往伏于枯草当中，受到惊吓才飞，而后又迅速伏于草根下，要注意追踪观察。

● 分布：国外见于俄罗斯、蒙古及朝鲜半岛等地；国内分布于北京、内蒙古、陕西、甘肃、青海、西藏等地。

● 寄主：不详。

图6-54　银蟾眼蝶（♂，背面）

图6-55　银蟾眼蝶（♂，腹面）

图6-56　银蟾眼蝶（♀，背面）

图6-57　银蟾眼蝶（♀，腹面）

6.21　贝眼蝶　　*Boeberia parmenio* (Böber, 1809)

● 别名：银珠山眼蝶。

中型眼蝶，翅展50～60 mm。体翅棕褐色，背面前翅基部1条脉膨大，中室端及外侧各有1条深色横带纹，顶角内方有1个具暗红圈的黑眼斑，双瞳点白色，眼纹下侧m$_3$室、cu$_1$室也常具1个眼纹斑，瞳点白色，眼斑周围暗红色；后翅亚缘区有红圈黑眼纹1列，瞳点白色。翅腹面前翅大部分朱红色，仅前缘顶角处多白色鳞片，斑纹同背面相似；后翅大部多覆银白色鳞片，翅基部及中部各有1条深色齿形条纹，翅脉银白色，亚缘区黄圈黑眼斑1列，瞳点白色（图6-58至图6-61）。

1年1代，成虫多见于5—7月。成虫常栖于草灌丛中，受惊时飞起1m多高，飞不远又落于草丛地表，飞行力弱。在延庆团山5月中下旬会大量出现，发生环境和银蟾眼蝶一样，但出现时间比银蟾眼蝶晚（图6-62）。

● 分布：国外见于俄罗斯；国内分布于北京、河北、新疆、内蒙古等地。

● 寄主：不详。

图6-58　贝眼蝶（♂，背面）

图6-59　贝眼蝶（♂，腹面）

图6-60　贝眼蝶（♀，背面）

图6-61　贝眼蝶（♀，腹面）

图6-62　贝眼蝶（生态照）

6.22 暗红眼蝶 *Erebia neriene* (Böber, 1809)

中小型眼蝶，翅展40～42 mm。体翅黑褐色，背面前翅亚缘区有1个较宽的橙黄色带，内有黑眼斑3枚，前2枚相连，后1枚分离，瞳点白色，雄蝶中室下方有性标；后翅亚缘区有1条橙色弧形带纹，带纹内有2枚极小的眼斑。翅腹面红褐色，前后翅外缘有白色鳞片，前翅斑纹同背面，后翅亚缘有1条浅色宽带，上覆盖白色鳞片（图6-63、图6-64）。

1年1代，成虫多见于7—8月。

● 分布：国外见于蒙古和俄罗斯；国内主要分布于北京、河北、内蒙古、黑龙江、吉林等地。

● 寄主：不详。

图6-63　暗红眼蝶（背面）　　　　图6-64　暗红眼蝶（腹面）

6.23 黄眶红眼蝶 *Erebia cyclopia* Eversmann, 1864

中型眼蝶。体翅黑褐色，背面前后翅亚顶角处有1个具黄圈的黑色眼斑，内有2个白色瞳点，后翅无斑纹；腹面前翅顶角覆有白鳞片，黑眼斑的黄眼圈大，后翅基部及中域有白粉围成的宽带（图6-65、图6-66）。

1年1代，多见于6月。6月中旬在大海坨地区的草甸和桦树林的林缘地带会大量出现，6月下旬以后就会消失不见，发生时间较短。此蝶出现时，或访花，或落于桦树叶上，个体较大，比较醒目。

- 分布：国外分布于蒙古等地；国内见于北京、河北、内蒙古等地。
- 寄主：不详。

图6-65 黄眶红眼蝶（背面）　　图6-66 黄眶红眼蝶（腹面）

7 斑蝶科

| 金斑蝶 | *Danaus chrysippus* (Linnaeus, 1758) |

中小型斑蝶。头胸部黑色，带白色斑点和线纹，背面橙色，腹面灰白色。翅橙色，前翅前缘至顶角附近黑褐色，其中央有1道白色斜带，前后翅外缘带黑边，内有1～2列白色斑点，后翅中央前侧翅脉带3个黑斑点。翅腹面斑纹与背面大致相同，但白色斑点发达，前翅顶角白色斜带外侧橙褐色。雄蝶后翅cu$_2$室具黑色性标（图7-1、图7-2）。

1年多代，成虫在南方全年可见，无明显集群越冬行为。

● 分布：国内见于陕西、湖北、湖南、西藏、四川、贵州、福建、云南、广东、广西、海南、台湾、香港等地。此蝶比较漂亮，饲养的较多，南方比较常见，北京未见分布报道，但是在北京市植物保护站科技示范展示基地（顺义衙门村）开花韭菜田多次拍摄到（图7-3），在北京一些公园也可见到，这些个体可能是随引进植物带入的，也可能是一些活动放飞的。随着园林植物的引入和蝴蝶放飞活动增多，这种情况可能越来越多。

● 寄主：马利筋、石萝蘼、天星藤等。

图7-1　金斑蝶（背面）

图7-2　金斑蝶（腹面）

图7-3　金斑蝶（生态照，拍摄地点：顺义韭菜田）

8 蛱蝶科

蛱蝶科是蝶类中最大的一个科，体型较大，世界上已知3 400种，中国已知约300种，北京地区记有58种，本书记录53种。本科蝶类通常飞行迅速，喜阳光，有些种在休息时翅不停振动。

8.1 绿豹蛱蝶 *Argynnis paphia* (Linnaeus, 1758)

中型蛱蝶，翅展65~68 mm。雌雄异型。雄蝶翅背面橙黄色，雌蝶翅背面分为黄色型和灰色型，具不规则黑色圆形斑点和线状纹。翅基色暗，密布黄褐色鳞毛。前翅中室内有4条横纹，外缘有1列连续黑斑，其内侧又有2列平行的黑斑，中室外有3个黑斑呈三足鼎立状。后翅外缘有与前翅类似的3列黑斑，中室端有1个黑斑，中室外面有1条波状的横带，雄蝶在前翅中室下方4条脉纹上有黑色粗壮香鳞带。腹面前翅淡黄色，黑斑明显，顶角淡绿色，香鳞带不明显；后翅淡绿色，外缘略紫，中部有3条银白色横带，亚缘有暗绿斑纹（图7-1至图7-4）。

1年1代，成虫喜访花，多见于6—8月。此蝶在山区还是比较常见的，尤以7月为盛，喜访花，或到沙土路中的水坑边饮水，雄蝶颜色醒目，颇具观赏性（图8-5）。

图8-1 绿豹蛱蝶（背面）（1）　　　　图8-2 绿豹蛱蝶（腹面）（1）

● 分布：国外见于朝鲜半岛和欧洲、非洲等地；国内分布广泛，几乎遍布全国。北京多数山区可见。

● 寄主：紫花地丁、水竹等。

图8-3 绿豹蛱蝶（背面）（2）　　　　图8-4 绿豹蛱蝶（腹面）（2）

图8-5 绿豹蛱蝶（生态照）

8.2 斐豹蛱蝶 *Argyreus hyperbius* (Linnaeus, 1763)

中型蛱蝶，翅展75～80 mm。雌雄异型。雄蝶翅背面橙黄色偏红，前翅外缘内凹，有2条黑色细波纹，上有1列近三角形黑斑，内侧有2列近似平行的黑斑，中室基部有1个黑斑，内有4条横纹，外侧有几枚散布的大黑斑；后翅中室内及端部各有1个长横纹，外缘齿形，有弧形长斑列，亚缘有1列黑斑。雄蝶翅腹面前翅大部橙色，顶角处黄绿色，有2枚上下排列的眼纹，瞳点白色；后翅大部黄色微红，基部布满黄绿色斑，另有黑线纹及银斑环绕，亚缘有黄绿色眼状斑5枚，瞳点银色，外缘内侧有1个黄绿色斑带，外侧有黑线纹及银斑。雌蝶前翅端大部分青黑色，中部有1条白色斜带（图8-6、图8-7）。

1年多代，成虫多见于5—11月，部分地区几乎全年可见。常见于林间或开阔的草地，飞行迅速，喜访花。北京地区只在一些公园中可见，标本采集也都是公园当中的，疑似是随园林植物引入的，数量稀少，但南方比较常见。个体巨大，颜色鲜艳，很具观赏性。

●分布：国外见于日本、菲律宾、印度尼西亚、缅甸、泰国、尼泊尔、孟加拉国，以及朝鲜半岛及欧洲、非洲、北美洲等地；国内各地均可见。

●寄主：堇菜科植物，如紫花地丁等。

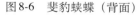

图8-6　斐豹蛱蝶（背面）　　　　　图8-7　斐豹蛱蝶（腹面）

8.3　老豹蛱蝶　*Argyronome laodice* Pallas, 1771

中大型蛱蝶，翅展64～70 mm。翅橙黄色，斑纹黑色。前翅背面中室外侧有1列不整齐的黑斑，中室内和端部有4条横纹，外缘波状，脉端有1列三角形黑斑，内侧有2列黑色点斑，大小不一，雄蝶香鳞区在Cu_2和2A脉上；后翅外缘齿形，外缘区3列斑纹与前翅相同；中部有1条不规则的点状横带，内侧有1个横斑。翅腹面，前翅淡黄褐色，除顶角及外缘其余黑色斑明显，中带外侧有3～4个不清晰的白斑；后翅基半部黄褐微绿，近中部有一褐色横线，端半部1条褐色宽带，两区域交界处有一银色带纹（图8-8、图8-9）。

1年发生1代，成虫多见于6—8月（图8-10）。

● 分布：国外见于中亚及欧洲地区；国内分布于北京、黑龙江、辽宁、河北、河南、陕西、山西、甘肃、青海、西藏、四川、江苏、湖北、湖南、江西、福建、云南、台湾等地。北京远近郊各山地均可见。

● 寄主：堇科、豆科植物和华山松等。

图8-8　老豹蛱蝶（背面）　　　　　图8-9　老豹蛱蝶（腹面）

图8-10　老豹蛱蝶（生态照）

8.4　伊诺小豹蛱蝶　*Brenthis ino* (Rottemburg, 1775)

小型蛱蝶，翅展45～52 mm。翅橙黄色，翅脉黄褐色，斑纹黑色。背面前翅中室及室端有4条横线纹，中室基部有1个小黑斑，室外侧有1列弯曲的黑斑，雌蝶斑连成带状；后翅基部及内缘多黑线纹围成网状；前后翅外缘有1列黑色带斑，内侧有2列黑色斑，排列整齐。翅腹面，前翅色淡，顶角处黄色斑模糊；后翅淡黄褐色，基半部由褐色横线纹组成斑状带纹，淡黄绿色，亚缘有褐色眼纹1列，内侧褐色，外侧有1列红褐斑（图8-11、图8-12）。

1年发生1代，成虫发生期6—8月。海拔1 600～2 000m的亚高山草甸上多有发生。

● 分布：国外见于日本、俄罗斯、土耳其、西班牙及朝鲜半岛等地；国内分布于北京、黑龙江、新疆、浙江等地。

● 寄主：不详。

图8-11　伊诺小豹蛱蝶（背面）　　　　　图8-12　伊诺小豹蛱蝶（腹面）

8.5　小豹蛱蝶　*Brenthis daphne* (Bergsträsser, 1780)

● 别名：桂小豹蛱蝶。

中小型蛱蝶，翅背面橙黄色，前后翅外部具有3列黑斑，前翅中室后有1列黑斑，后翅基部黑纹连成不规则网状。腹面前翅颜色较浅，顶角黄绿色，后翅基半部黄绿色，有2条明显的淡紫色宽带纹，中间分布深褐色带和5个大小不一的圆纹（图8-13、图8-14）。

图8-13　小豹蛱蝶（背面）　　　　　图8-14　小豹蛱蝶（腹面）

1年1代，成虫多见于6—8月（图8-15）。

●分布：国外见于日本、朝鲜半岛及欧洲等地；国内分布于北京、黑龙江、吉林、辽宁、河北、河南、山西、宁夏、陕西、甘肃、福建、云南等地。

●寄主：不详。

图8-15　小豹蛱蝶（生态照）

8.6　曲纹银豹蛱蝶　*Childrena zenobia* (Leech, 1890)

大型蛱蝶，翅展80~85 mm。雄蝶翅橙红色，雌蝶橙青色、棕黑色或棕黄色，斑纹黑色。雄蝶前翅中室及室端有4条弯曲横线纹，中室基部有1个点状斑，外缘有1列黑斑，内侧有2列平行的黑斑，顶角处黑斑小，Cu_1、Cu_2、2A脉有线状香鳞（性标）；后翅基部及内缘多毛列，中室端有1个黑斑，外缘黑色，内有2列黑斑，内侧黑斑列数量少。雄蝶翅腹面前翅色淡，顶角处暗绿色，有2条白色弧线；后翅暗绿色，有光泽，银色横带纹强烈弯

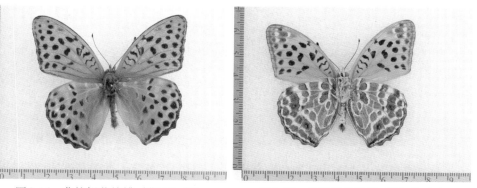

图8-16　曲纹银豹蛱蝶（背面）（1）　　　图8-17　曲纹银豹蛱蝶（腹面）（1）

曲，与黑线纹围成网状，亚缘有5个不清晰的绿色圆斑（图8-16至图8-19）。

1年1代，成虫发生期5—8月。多见于中高海拔的灌木林或草地，成虫访花，或栖息于花上。此蝶于7—8月比较多见，在松山、玉渡山、莲花山等地的沟谷山坡至高海拔的亚高山草甸上都能见到（图8-20）。

● 分布：国外见于印度及朝鲜半岛等地；国内分布于北京、陕西、河南、河北、四川、西藏、云南、甘肃等地。北京海淀、门头沟、昌平、延庆等地区可见。

● 寄主：不详。

 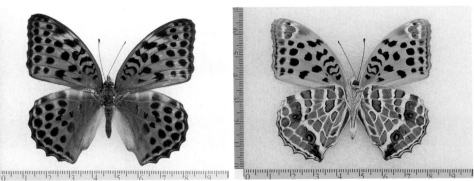

图8-18　曲纹银豹蛱蝶（背面）（2）　　　图8-19　曲纹银豹蛱蝶（腹面）（2）

图8-20　曲纹银豹蛱蝶（生态照）

8.7　银斑豹蛱蝶　*Speyeria aglaja* (Linnaeus, 1758)

中型蛱蝶。翅背面黄褐色，外缘有1条黑色宽带。雄蝶前翅具3条极细的性标，前翅腹面顶角暗绿色，外侧有近圆形的银色斑纹。雌蝶前翅腹面内侧有很小的银色纹，后翅暗绿色（图8-21至图8-24）。

1年1代，成虫多见于6—8月。它是亚高山草甸最容易见到的蝴蝶，喜欢访花，飞行迅速。

● 分布：国外见于日本、俄罗斯、英国及朝鲜半岛等地；国内本种广泛分布，几乎遍布全国。

● 寄主：不详。

图8-21　银斑豹蛱蝶（背面）（1）

图8-22　银斑豹蛱蝶（腹面）（1）

图8-23　银斑豹蛱蝶（背面）（2）

图8-24　银斑豹蛱蝶（腹面）（2）

8.8　蟾福蛱蝶　*Fabriciana nerippe* (C. & R. Felder, 1862)

● 别名：蟾豹蛱蝶。

大型蛱蝶，翅背面橙黄色，具黑色斑点。雌蝶颜色较暗，前后翅黑色圆斑大而稀疏，后翅外缘具黑色纹。雄蝶前翅具1条性标，顶角黑褐色，内有2个橙黄色斑，旁边有几个小白斑，前翅腹面浅橙黄色，顶角淡绿色，后翅腹面黄绿色，外缘具有新月形斑纹。雌蝶前翅腹面顶角深绿色，白斑比背面大，外缘有1条白色宽带，中间具有不连续的绿色细线，后翅淡绿色，外缘具有银色白斑，内侧有深绿色斑带（图8-25至图8-28）。

1年1代，成虫多见于5—8月。成虫多活动于林间或较开阔的草地，飞行速度快。此蝶在北京延庆团山对面的河边林地较为常见。该区域林地属于人造林，由于管护林下草本层变得非常低矮，堇菜类植物较多，适合以其为食的蟾福蛱蝶生存。每年6月是数量最多的时候，雄蝶喜访小蓟花。雌蝶个体巨大，数量较少，常伏于草丛当中，被惊起时迅速飞走，注意追踪观察。

●分布：国外见于日本及朝鲜半岛；国内分布于北京、黑龙江、河南、宁夏、陕西、甘肃、浙江、江苏、湖北等地。北京密云、海淀、门头沟、延庆等地可见。

●寄主：堇菜科植物。

图8-25　蟾福蛱蝶（背面）（1）

图8-26　蟾福蛱蝶（腹面）（1）

图8-27　蟾福蛱蝶（背面）（2）

图8-28　蟾福蛱蝶（腹面）（2）

8.9 灿福蛱蝶   *Fabriciana adippe* (Schiffermüller, 1775)

● 别名：捷豹蛱蝶。

中型蛱蝶，翅展65～70 mm。体翅橙黄色，斑纹黑色。雄蝶前翅背面有2条线状性标，分别着生于Cu_1、Cu_2脉上；前翅中室内有4条弯曲的线纹，中室外侧有1列弯曲的黑色斑，亚缘区有1列黑圆斑共6枚，其中m_2室斑极小；后翅基部近前缘、内缘处多布有黄褐色毛列，中室内有2条黑线纹，端部1枚较明显，外侧有黑斑1列，亚缘区有黑色圆形斑5枚；前后翅端部各有1列黑色新月形斑，外缘黑色。前翅腹面色淡，顶角部淡绿色，斑同背面。后翅腹面基半部黄绿色，基部有银斑，中室外端有银斑1列，亚缘有褐色圆斑1列。雌蝶翅面色淡，腹顶角处有银斑，后翅前缘无毛列，亚缘区斑纹第1斑消失，基部银斑较雄性大而清晰，端部有1列较大的银色斑列（图8-28、图8-30）。

1年1代，成虫发生期5—8月。它是北京地区最常见的蝴蝶之一，从平原到高山之巅都有分布，和绿豹蛱蝶、老豹蛱蝶、银斑豹蛱蝶、蟾福蛱蝶等非常相似，和东亚福蛱蝶更是孪生兄弟一般，难以区分。在延庆东龙湾房车露营地后边的河滩草地上，6月间老豹蛱蝶、蟾福蛱蝶、灿福蛱蝶和东亚福蛱蝶混合发生，数量很多，常栖息在小蓟花上，又以灿福蛱蝶数量最多，很容易观察拍照，数量少的时候反而更加警觉不易接近。

● 分布：国外见于日本、俄罗斯及朝鲜半岛；国内分布于北京、黑龙江、辽宁、山东、河南、江苏、湖北、四川、陕西、甘肃、西藏、云南等地。

图8-29　灿福蛱蝶（背面）

图8-30　灿福蛱蝶（腹面）

● 寄主：不详。

8.10 东亚福蛱蝶 *Fabriciana xipe* (Leech, 1892)

中型蛱蝶。形态特征与灿福蛱蝶相似，主要区别在于雄蝶后翅较灿福蛱蝶圆润，后翅中部银色斑纹组成的线条较弯曲（图8-31、图8-32）。

1年1代，成虫发生期5—8月。本种活动范围很大，从平原到高山之巅都有分布，喜访花采蜜，飞行速度快。

● 分布：国外见于日本、俄罗斯及朝鲜半岛；国内分布于北京、黑龙江、辽宁、山东、河南、江苏、湖北、四川、陕西、西藏、云南等地。

● 寄主：不详。

图8-31　东亚福蛱蝶（背面）　　　　　图8-32　东亚福蛱蝶（腹面）

8.11 西冷珍蛱蝶 *Clossiana selenis* (Eversmann, 1837)

小型蛱蝶。翅背面黄褐色，前后翅外缘黑色，在脉端缘毛呈黑簇，亚外缘有"V"形纹，内侧平行有1列黑斑。前后翅基部密被黄褐色鳞片。前翅中室有4条黑纹，中室外侧有黑斑，后翅基半部有黑斑。前翅腹面斑纹同背面类似，后翅腹面中横白带与亚外缘带之间有白线，cu_2室斑两端平直，m_2室斑被实线分割（图8-33、图8-34）。

1年2代，成虫多见于5月和8月，喜访花，分布海拔800m以上山地，栖息在林缘、林下草地环境，北京延庆玉渡山、松山的山谷地带非常常见

（图8-35）。

● 分布：国外见于蒙古、俄罗斯及朝鲜半岛等地；国内分布于北京、河北、吉林等地。

● 寄主：不详。

图8-33　西冷珍蛱蝶（背面）　　　　图8-34　西冷珍蛱蝶（腹面）

图8-35　西冷珍蛱蝶（生态照）

8.12　北国珍蛱蝶　*Clossiana oscarus* (Eversmann, 1844)

小型蛱蝶。翅背面黄褐色，基半部有黑斑分布，亚外缘斑排列整齐，外缘斑近三角形。腹面后翅砖红色，中域略呈黄绿色，m_2室斑黄绿色，黑线明显，亚缘斑白色，内侧镶砖红色边（图8-36、图8-37）。

1年1代，成虫多见于7月。喜访花，栖息在亚高山草地环境。

● 分布：国外见于蒙古、俄罗斯及朝鲜半岛等地；国内分布于北京、河北等地及东北地区。

● 寄主：不详。

图8-36　北国珍蛱蝶（背面）　　　　　图8-37　北国珍蛱蝶（腹面）

8.13	朱蛱蝶	*Nymphalis xanthomelas* (Esper, 1781)

● 别名：榆蛱蝶、暗边蝶。

中型蛱蝶，翅展54～65 mm。翅外缘锯齿状，前后翅背面橙红色。前翅外缘有1条暗褐色带，混有黄褐与青蓝色，其内侧有1条黑色宽带，中室有2个圆斑，近顶角有短的黄白色斜带，与中室之间有2个黑斑，cu_2室有2个黑斑，端带双线。后翅外缘同前翅，近前缘有1个大黑斑。翅基部有黄褐色长毛。腹面基部黑褐色，端半部黄褐色，密布黑色或褐色细的波状纹。外缘黑褐，中室有1个淡色小点。雌蝶个体较大，前足跗节分节具刺，雄蝶前足跗节退化，无节无刺（图8-38、图8-39）。

1年1代，成虫6—8月出现，飞行迅速，不易捕捉，以成虫越冬。此蝶

图8-38　朱蛱蝶（背面）　　　　　图8-39　朱蛱蝶（腹面）

6月在北京松山、玉渡山能看到，但是数量不多。见人即迅速飞走，但有时却飞到人的衣服上，试图吸取上面的汗液盐分（图8-40）。

● 分布：国外见于日本及朝鲜半岛、欧洲等地；国内分布于北京、辽宁、山西、河北、河南、陕西等地。

● 寄主：杨柳科、榆科植物。

图8-40　朱蛱蝶（生态照）

8.14 白矩朱蛱蝶 *Nymphalis vau-album* (Denis & Schiffermüller, 1775)

● 别名：白钩朱蛱蝶。

中型蛱蝶，翅展55～61 mm。翅背面呈红褐色，边缘钝锯齿状。全翅外缘具黑色带，带内侧有1列模糊的黄色斑点，前翅中室中部、端部及顶角处各有1个较大的黑色斑，中室外侧另有3个黑斑。后翅前缘部分呈黑色。另外，前翅顶角有1个明显白斑，后翅黑斑两侧有白斑。翅腹面有不规则带状纹，靠外侧为棕灰色带，而靠中部为深褐色带，其中还有1个白钩状斑（图8-41、图8-42）。

1年1代，成虫多见于6—7月。北京松山、玉渡山零星见到，非常机警，难得一见，且多不完整。2013年8月初曾在草原天路边的一片桦树林见到数十只栖息在树干上，非常完整，很好接近，就像到了它们的老家一样，很神奇。

● 分布：国外见于日本、巴基斯坦、印度及朝鲜半岛、欧洲等地；国内分布于北京、吉林、陕西、山西、新疆、云南等地。

● 寄主：不详。

图 8-41　白矩朱蛱蝶（背面）　　　　图 8-42　白矩朱蛱蝶（腹面）

8.15　孔雀蛱蝶　*Aglais io* (Linnaeus, 1758)

中型蛱蝶，翅展 53 ~ 63 mm。体背黑褐色，被棕褐色短鳞毛。触角棒状明显，端部灰黄色。翅背面呈鲜艳的朱红色，外缘色暗，前翅中室内有 1 个楔形黑斑，中室外有较大黑斑，顶角附近有孔雀尾状的彩色斑纹，外侧黑色，中间红色，翅外缘呈角状。后翅色暗，前缘附近有孔雀尾状斑纹，周围有暗灰色环，中心有青蓝色半月形斑。翅腹面暗褐色，并密布黑褐色波状横纹，似烟熏枯叶，后翅中域波状纹更明显，翅外缘波状并有齿状突（图 8-43、图 8-44）。

以成虫越冬，1 年 1 代，成虫多见于 6—8 月，常选择在树叶或石头上栖息，两翅平展，非常美丽。亚高山草甸上很多，其他地方平时不易见到，但是到

图 8-43　孔雀蛱蝶（背面）　　　　图 8-44　孔雀蛱蝶（腹面）

了9月，会有一部分飞到公园当中，栖息在八宝景天的花朵上（图8-45）。

● 分布：国外见于日本、伊朗、英国、德国、保加利亚及朝鲜半岛等；国内分布于北京、黑龙江、辽宁、甘肃、陕西、河北、吉林等地。北京昌平、延庆、门头沟、密云、怀柔等地山区均可见。

● 寄主：荨麻科、大麻科及桑科植物。

图8-45　孔雀蛱蝶（生态照）

8.16　荨麻蛱蝶　*Aglais urticae* (Linnaeus, 1758)

中型蛱蝶，翅展38～48 mm。翅背面橘红色，斑纹黑褐色，顶角有白斑，前缘黄色有3块黑斑，前翅外缘齿状，翅外缘有一黑褐色宽带，中域有2个较小的黑斑，后缘有1个较大的黑斑。后翅基半部黑褐色，外缘有黑褐色宽带，内含7～8个青蓝色斑，呈新月形，翅缘齿状。翅腹面黑褐色，中部黑色波状线明显，前后翅亚外缘均有1条波状带（图8-46、图8-47）。

图8-46　荨麻蛱蝶（背面）　　　　　图8-47　荨麻蛱蝶（腹面）

成虫多见于5—9月。北京在600～2 300m的山林中常见，飞行迅速，不易捕捉，喜在花上或山石上休息。与孔雀蛱蝶好像姊妹一样，能见到孔雀蛱蝶的地方都能见到荨麻蛱蝶（图8-48）。

● 分布：国外见于日本、俄罗斯及中亚、朝鲜半岛、欧洲中部等地；国内分布于北京、黑龙江、陕西、甘肃、青海、新疆等地。北京延庆、门头沟、密云、怀柔等地区山地及近郊平原均可见到。

● 寄主：荨麻、大麻等。

图8-48　荨麻蛱蝶（生态照）

8.17　白钩蛱蝶　*Polygonia c-album* (Linnaeus, 1758)

● 别名：榆蛱蝶。

中型蛱蝶，翅展49～54 mm。体背黑褐色，被棕褐色长鳞毛。翅背面橙红色，斑纹黑色，外缘呈不规则齿状。前翅中室中部有2个近圆形黑斑，中室端1个黑斑，中室后3个黑斑。顶角内、臀角内各具1个黑斑，端带颜色稍淡。后翅中部有3个黑斑，端带内侧有1列半月形斑。翅腹面黄褐色，由不规则的细波状纹密布成花纹，后翅中室端有白色钩状斑，翅腹面颜色模拟枯叶颜色，可随季节变化（图8-49、图8-50）。

以成虫越冬，成虫多见于4—10月，秋季数量更多，经常栖息在草叶、树叶、花朵或石头上。越冬态成虫喜吸食树汁液。此蝶与黄钩蛱蝶如同一对姊妹蝶一样，不仅在外形上非常相似，其发生期和活动范围也很相近。它们的活动时间从春季到秋季，时间非常长。在北京延庆地区最早3月就能见到，秋季会大量汇聚到公园中的花卉上，数量很多。早春和晚秋黄钩蛱蝶明显要多于白钩蛱蝶（图8-51）。

●分布：国外见于日本、蒙古、印度及朝鲜半岛等地；国内分布于北方广大地区。

●寄主：柳树、榆树、桦树、朴树及忍冬、荨麻、大麻等。

图8-49　白钩蛱蝶（背面）　　　　图8-50　白钩蛱蝶（腹面）

图8-51　白钩蛱蝶（生态照）

8.18　黄钩蛱蝶　*Polygonia c-aureum* (Linnaeus, 1758)

●别名：黄蛱蝶、黄弧纹蛱蝶。

中型蛱蝶，翅展48～57 mm。与白钩蛱蝶极为相似。分春、夏、秋三型。翅背面黄褐色，翅缘凹凸呈齿状突。外缘有黑色带，翅面散布黑斑。前翅中室基部和中部共有3个黑斑（白钩蛱蝶2个黑斑）。翅腹面淡黄褐色，密布长短不等、疏密不一的波状细线，外部有几个小点。后翅腹面中域有1

个银白色的"C"字形纹（图8-52、图8-53）。

本种与白钩蛱蝶混生，习性也与白钩蛱蝶相近，以成虫越冬（图8-54）。

● 分布：国外见于俄罗斯、蒙古、越冬等地；国内分布于东北、华北、东南广大地区。

● 寄主：榆树、梨树、马尾松、大麻、柑橘、亚麻、葎草等。

图8-52　黄钩蛱蝶（背面）　　　　　图8-53　黄钩蛱蝶（腹面）

图8-54　黄钩蛱蝶（生态照）

8.19　大红蛱蝶　*Vanessa indica* (Herbst, 1794)

● 别名：孝衣蛱蝶、黄边酱蛱蝶。

中型蛱蝶，翅展54～60 mm。体型壮，黑色，腹面褐色，触角黑褐色，锤状，顶端黄色。翅背面黑色，外缘波状。前翅顶角突出，饰有白色斑，下方斜列4个白斑，中央有1条红色不规则的宽横带，内有3个黑斑；后翅大部分暗褐色，外缘红色，内有4个黑色斑，臀角黑色。翅腹面顶角茶褐色，前缘中部有蓝色细横线，后翅有茶褐色复杂的云状斑纹，外缘有4枚模糊的眼状斑（图8-55、图8-56）。

成虫多见于5—10月，喜访花，吮吸树液、烂水果汁、动物粪便等，飞行迅速（图8-57）。

● 分布：国外见于亚洲东部、欧洲等地；国内广泛分布于全国各地。

● 寄主：荨麻科、榆科等植物。

图8-55 大红蛱蝶（背面）　　　　图8-56 大红蛱蝶（腹面）

图8-57 大红蛱蝶（生态照）

8.20　小红蛱蝶　　*Vanessa cardui* (Linnaeus, 1758)

● 别名：花蛱蝶、全球赤蛱蝶。

中型蛱蝶，翅展47～65 mm。本种与大红蛱蝶相似，其主要区别是：

体型稍小，前翅不呈黑色而呈暗褐色，顶角附近有几个小白斑，翅中域有红偏黄色不规则横带，基部与后缘密生暗黄色鳞。后翅背面大部分橘红色，基部与前缘同样密生黄色鳞，外缘有3列黑斑点，中室端部有一褐色横带。前翅腹面与背面相似，但顶角青褐，中部横带鲜红。后翅腹面密生褐色纹，外缘有一淡紫色带，其内侧有4～5个眼状斑（图8-58、图8-59）。

以成虫越冬，成虫多见于6—10月，飞行较快，分布广泛而且有长距离迁飞的习性。观蝶圈里有句话"小红蛱蝶永远不会缺席"，尤其是秋季的花园，它们从更北的地方或者附近的高山上迁飞而来。到处都有它们的身影，延庆地区可以持续到11月初，北京城区会更晚（图8-60）。

● 分布：国外大部分地区和我国各地都有分布。

● 寄主：锦葵科、荨麻科和菊科等植物。

图8-58　小红蛱蝶（背面）

图8-59　小红蛱蝶（腹面）

图8-60　小红蛱蝶（生态照）

江、辽宁、陕西、新疆等地。北京多分布于远郊山地。

● 寄主：泥胡菜、大蓟等。

8.25　褐斑网蛱蝶　*Melitaea phoebe* (Denis & Schiffermüller, 1775)

　　中型蛱蝶。个体比大网蛱蝶小，中室外侧黑斑列没有大网蛱蝶发达，腹面后翅中域带斑，外侧橙红色斑带，内无斑（图 8-72 至图 8-75）。

　　1 年 1 代，成虫多见于 6 月。喜访花，栖息在草地环境。

● 分布：国外见于蒙古、塔吉克斯坦、俄罗斯、阿富汗等地；国内分布于北京、河北、辽宁、内蒙古等地。

● 寄主：不详。

图 8-72　褐斑网蛱蝶（背面）（1）

图 8-73　褐斑网蛱蝶（腹面）（1）

图 8-74　褐斑网蛱蝶（背面）（2）

图 8-75　褐斑网蛱蝶（腹面）（2）

8.26　普网蛱蝶　*Melitaea protomedia* Ménétriés, 1859

小型蛱蝶，翅展40～45 mm。全翅斑纹呈黄褐色，翅底和脉纹黑色。前、后翅的外缘有1列新月形斑，亚外缘及中域处有2列宽带状斑纹。翅基部有不规则斑纹。前翅腹面顶角处斑纹色淡，后翅背面有2条不规则褐色横带（图8-76、图8-77）。

1年1代，成虫多见于6月，喜访花，栖息于草地及林下道路两侧。

●分布：国外见于日本、俄罗斯及朝鲜半岛；国内分布于北京、陕西、河北、河南等地。北京多分布于远郊山地。

●寄主：不详。

图8-76　普网蛱蝶（背面）　　　　　图8-77　普网蛱蝶（腹面）

8.27　罗网蛱蝶　*Melitaea romanovi* Grum-Grshimailo, 1891

翅展35～43 mm。全翅黄褐色，斑纹黑色，外缘黑色，亚外缘有1列黑斑点，中域有1条"C"形黑斑纹，外周伴白色或黄色斑纹组成不规则的带。前翅中室基部、中部和端部各有1个卵状黑纹。后翅有云状黑斑纹。腹面黄白色，亚外缘处有宽带纹和靠基部有1条曲状带纹，呈黄褐色，其余部分布有黑斑点（图8-78）。

1年2代，成虫多见于5月和7月，喜访花，栖息在荒地和干旱处。

●分布：国外见于俄罗斯、蒙古等地；国内分布于河北、陕西、山西、宁夏等地。北京近郊山地和平原可见。

● 寄主：不详。

图 8-78　罗网蛱蝶（生态照）

8.28　阿尔网蛱蝶　*Melitaea arcesia* Bremer, 1861

　　小型蛱蝶，翅展 36～43 mm。翅褐黄色，翅斑脉黑色。翅外缘有黑色带，带内有 1 列新月形黄斑。亚外缘处有 2 列黑斑纹。前翅中室基部、中部、端部各有 1 个卵环状黑斑纹。后翅外缘、臀缘黑色，中部黑色围成橙色斑。前翅腹面色稍浅，顶角处有 1 列浅黄色月形纹，亚外缘处有 1 列黑点。后翅腹面亚外缘、中域及翅基部各有 1 条黄白色宽带纹（图 8-79、图 8-80）。

　　1 年 1 代，成虫多见于 6—7 月，喜访花，栖息于亚高山草甸（图 8-81）。

　　● 分布：国外见于蒙古、尼泊尔、不丹、印度等地；国内分布于北京、内蒙古、陕西、黑龙江等地。北京门头沟、密云、延庆等地区可见。

　　● 寄主：不详。

图 8-79　阿尔网蛱蝶（背面）

图 8-80　阿尔网蛱蝶（腹面）

图8-81　阿尔网蛱蝶（生态照）

| 8.29 | 二尾蛱蝶 | *Polyura narcaea* (Hewitson, 1854) |

● 别名：弓箭蝶。

中大型蛱蝶。翅背面绿色，具2对尾突，呈剪刀形突出，黑褐色。前翅中域有"Y"形黑色纹连接前缘，黑色外缘带较宽，前后翅亚外缘有1列绿色斑点。前翅腹面花纹基本与背面一致，后翅腹面基部前缘到臀区有褐色横带。雌雄同型，雌蝶尾突较长，尾尖较钝（图8-82、图8-83）。

1年多代，成虫多见于4—8月，飞行迅速（图8-84）。

● 分布：国外见于泰国、越南、缅甸、印度、老挝等地；国内分布于

图8-82　二尾蛱蝶（背面）

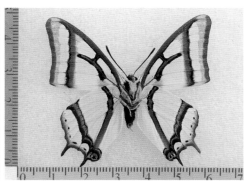

图8-83　二尾蛱蝶（腹面）

北京、河北、河南、山东、山西、陕西、甘肃、湖北、湖南、广东、广西、福建、四川、贵州、云南、台湾等地。

● 寄主：以合欢属山槐（山合欢）等植物为寄主。

图 8-84　二尾蛱蝶（生态照）

| 8.30 | 紫闪蛱蝶 | *Apatura iris* (Linnaeus, 1758) |

● 别名：齿紫蛱蝶、深色紫蛱蝶。

中大型蛱蝶，翅展 59～73 mm。体翅黑褐色，翅面具强烈的紫色闪光。前翅近顶角有 3 个小白斑，中带白色，由中部一分为二，cu_1 室有 1 个黑色圆形斑，具黄褐色环，其上有 1 个白色斑。中室内有 4 个黑点不甚清晰，外缘中部内凹，内侧有 1 个灰白色横带，上端不甚明显。后翅具白色中带，后端仅达 Cu_2 脉，缘线灰白波状，内侧有 1 列白色斑，cu_1 室黑斑具红褐环。前翅腹面红褐并有青紫色，中室内 4 个黑斑明显。后翅腹面青紫色，基部中室内有一小黑点，中带灰紫色，顶角至臀角有 1 个红褐色宽带，两侧界限不清，臀角有红褐色斑（图 8-85、图 8-86）。

1 年 1 代，以幼虫越冬，蛹为悬蛹，成虫多见于 6—8 月。通常活动于海拔 1 000m 以上的阔叶林山区，飞行迅速，吸食树液及人畜粪便，雄蝶有很强的领地行为（图 8-87）。

● 分布：国外见于日本及朝鲜半岛、欧洲等地；国内分布于华北地区、西北地区、东北地区、华中地区和西南地区。北京延庆、门头沟、密云、怀柔等地远郊山区可见。

● 寄主：杨树、柳树等杨柳科植物。

图8-85　紫闪蛱蝶（背面）　　　　　　　图8-86　紫闪蛱蝶（腹面）

图8-87　紫闪蛱蝶（生态照）

8.31　柳紫闪蛱蝶　*Apatura ilia* (Denis & Schiffermüller, 1775)

● 别名：柳紫蛱蝶、柳蛱蝶、小紫蝶。

中大型蛱蝶，翅展55~72 mm。成虫多个色型，翅背面底色分为黑色、褐色、黄色，雄蝶前后翅均有强烈的蓝色或紫色闪光，亚外缘带为新月形斑组成，雌蝶无闪光，新月斑不显著。前翅中室有4个呈方形排列的小黑斑，中室端与顶角间有2条斜列黄色或白色斑带，中室后3个白斑，cu_1室内有一具黄褐环的黑圆斑。后翅中带黄或白色，后端仅达Cu_2脉，基区黑褐，端区暗黄褐，缘带黑褐，亚缘带由7个互不连接的黑斑组成，内侧cu室内有

1个褐环围绕的黑斑点。腹面前翅淡黄褐，横带内侧黑褐，cu_1室黑斑中部稍外有灰白色点，其他斑纹与背面相同。后翅基区淡褐色，端区黄褐，cu室斑较暗，其他斑纹不甚明显（图8-88、图8-89）。

1年1~2代，幼虫越冬，蛹为悬蛹，成虫多出现于5—9月，成虫喜欢在榆树或畜粪上吸食汁液，飞翔迅速，喜在柳树周围徘徊或休息。雄蝶有领域性。7月是其最为活跃的时间，从山区的土路到公园广场的砖石上都能见到，翅面的颜色变化很大（图8-90）。

● 分布：国外见于欧洲东部、朝鲜半岛等地；国内分布于华北地区、西北地区、东北地区、华中地区和西南地区。北京延庆、门头沟、密云、怀柔等地山区可见。

● 寄主：杨树、柳树等杨柳科植物。

图8-88 柳紫闪蛱蝶（背面）

图8-89 柳紫闪蛱蝶（腹面）

图8-90 柳紫闪蛱蝶（生态照）

8.32 曲带闪蛱蝶 *Apatura laverna* Leech, 1892

● 别名：淡紫闪蛱蝶、捷闪蛱蝶。

中型蛱蝶，翅展 54 ～ 62 mm。与柳紫闪蛱蝶类似，也为多色型。翅背面底色分为黑色、黄色、褐色。前翅分布不规则白色或黄色斑点，端半部的眼状斑明显而宽大，中室是 1 条黑带。后翅斑纹橙黄色，臀角较突出。腹面前翅橙褐色，后翅褐色，在开式的中室内有 2 个明显的小黑点（图 8-91、图 8-92）。

1 年 1 代，成虫多见于 6—8 月，飞行迅速，吮吸人畜粪便，喜落地吸水，雄虫有较强的领域行为（图 8-93）。

● 分布：国外见于日本及欧洲东部、朝鲜半岛等地；国内分布于北京、

图 8-91 曲带闪蛱蝶（背面）   图 8-92 曲带闪蛱蝶（腹面）

图 8-93 曲带闪蛱蝶（生态照）

图8-103 大紫蛱蝶（♀，背面）   图8-104 大紫蛱蝶（♀，腹面）

8.37	黑脉蛱蝶	*Hestina assimilis* (Linnaeus, 1758)

● 别名：相似蛱蝶、红星蛱蝶、黑绿蛱蝶。

大型蛱蝶，翅展73～82 mm。雌雄同型，有多型现象。深色型：前后翅背面以浅蓝绿色或黑色为主，布满青白色斑纹，翅脉黑色，沿脉纹两侧亦为黑色。后翅外缘后半部微向内凹，并有5个红色圆斑，位于臀角的2个较小，翅腹面同背面。淡色型：前后翅灰绿色，翅脉黑色，后翅红斑消失或极度淡化。中间型：斑纹介于深色型和淡色型之间（图8-105至图8-108）。

1年2代，成虫多见于5月中旬至8月。庭院、平地和低山地带都能见到，飞行迅速（图8-109）。

● 分布：国外见于日本及朝鲜半岛；国内分布于北京、辽宁、陕西、山西、福建、云南、香港等地。北京各山区可见。

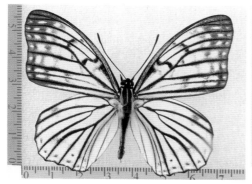
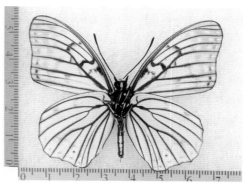

图8-105 黑脉蛱蝶（淡色型，背面）   图8-106 黑脉蛱蝶（淡色型，腹面）

● 寄主：榆科植物朴树等。

图 8-107　黑脉蛱蝶（深色型，背面）　　图 8-108　黑脉蛱蝶（深色型，腹面）

图 8-109　黑脉蛱蝶（生态照）

8.38　拟斑脉蛱蝶　*Hestina persimilis* (Westwood, [1850])

● 别名：褐脉蛱蝶、日本脉蛱蝶。

中型蛱蝶，翅展 60 mm 左右，有多型现象。翅黑褐色。淡色型：前、后翅背面灰绿色，仅翅脉为黑色，翅脉间点缀灰白色斑点。深色型：与黑脉蛱蝶类似，前、后翅背面黑褐色，翅脉间饰有多个白色斑纹，前翅外缘有 1 列小斑，近顶角有 3 个斑，斜向外缘排列，中室端部及中部至后角处各有 1 列白斑，中室基部和后缘各有 1 个柳叶状白斑。后翅中室具柳叶状白斑，外缘及内侧有白色斑列（图 8-110 至图 8-113）。

1 年 2 代，成虫见于 5 月中旬至 8 月下旬，多活动于水溪边或土路上。北京玉渡山、松山、红旗甸都能见到（图8-114）。

● 分布：国外见于日本、印度及朝鲜半岛等地区；国内分布于北京、河北、河南、陕西、福建、浙江等地区。北京昌平、门头沟、海淀等地区可见。

● 寄主：榆科植物。

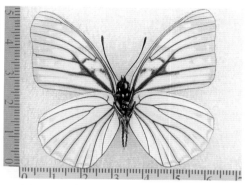

图8-110　拟斑脉蛱蝶（淡色型，背面）　　　图8-111　拟斑脉蛱蝶（淡色型，腹面）

图8-112　拟斑脉蛱蝶（深色型，背面）　　　图8-113　拟斑脉蛱蝶（深色型，腹面）

图8-114　拟斑脉蛱蝶（生态照）

8.39　猫蛱蝶　*Timelaea maculata* (Bremer & Grey, [1852])

中小型蛱蝶，翅展44～56 mm。雌雄同型。体背黑褐，被黄褐色短鳞毛，触角毛黑色，锤部膨大不明显，褐色。前、后翅背面黄褐色，密布黑色斑点。前翅外缘有2列大小不等的圆黑斑，中室内4个圆黑斑，中室端部3个尖形黑斑，中室下方有3个卵形黑斑。前翅从翅基向外有3条呈放射形排列的长形斑，中室内的1条很短、其他2条较长，特别是后缘的1条占翅长的2/3。后翅基部白色，端半部3列斑整齐排列与前翅类似。腹面前翅淡黄，后翅半部白色（图8-115、图8-116）。

1年1代或多代，成虫多见于5—9月。此蝶在北京玉渡山、松山都非常常见，飞行速度不快，有点像温柔的小猫，容易接近（图8-117）。

图8-115　猫蛱蝶（背面）

图8-116　猫蛱蝶（腹面）

图8-117　猫蛱蝶（生态照）

● 分布：本种为中国特有种，指名亚种在北京，我国河北、河南、湖北、浙江、福建、江西等地也有分布。北京延庆、怀柔、昌平、门头沟、密云等地山区可见。

● 寄主：榆树、朴树等。

8.40　明窗蛱蝶　*Dilipa fenestra* (Leech, 1891)

● 别名：双膜孔蛱蝶、黄闪蛱蝶。

中型蛱蝶，翅展60 mm左右。雌雄异型。雄蝶翅背面底色为金黄色，有金属光泽，外缘黑褐色，分布有不规则黑色斑纹。前翅前缘近顶角处有1个三角形黑斑，其中有2个银白透明圆点（明窗的含义），上大下小，中室端部及下方各有1个黑斑，cu_1室有1个黑色眼状纹，瞳点灰褐色。后翅亚缘有1列近三角形黑斑。前翅腹面橙色，外缘黑褐色带不明显，斑纹同背面；后翅腹面基半部黄白色，端半部橙褐色，后翅满布波状褐色细纹，中部有1条黑褐色斜带，从翅基发出1条黑褐色细带与斜带中间相交成"Y"字形（图8-118、图8-119）。

1年1代，成虫多见于3—5月。多活动于海拔800m左右的落叶阔叶林区，常在干树枝及岩石栖息，飞行迅速，有在林下地面吸水的习性（图8-120）。

● 分布：国外见于朝鲜半岛及法国；国内分布于北京、辽宁、山西、陕西、河南、湖北、浙江等地。北京昌平、房山、门头沟、密云等地可见。

● 寄主：不详。

图8-118　明窗蛱蝶（背面）　　　　　图8-119　明窗蛱蝶（腹面）

图8-120　明窗蛱蝶（生态照）

8.41　锦瑟蛱蝶　*Chalinga pratti* (Leech, 1890)

中小型蛱蝶。雌雄同型。翅背面黑褐色，中带白色，前翅不呈带状，分为3段，后翅白带平直，前后翅中带与外缘之间有1列弧形红斑，外缘有2列模糊白斑，翅腹面斑纹与背面一致。雌蝶中区白斑更发达，前翅外缘较圆（图8-121至图8-123）。

1年1代，成虫多见于6—8月。

● 分布：国外分布信息不详；国内分布于北京、吉林、陕西、甘肃、四川、广西、浙江、湖北等地。

● 寄主：不详。

图8-121　锦瑟蛱蝶（背面）　　　　图8-122　锦瑟蛱蝶（腹面）

图 8-123　锦瑟蛱蝶（生态照）

8.42　红线蛱蝶　*Limenitis populi* (Linnaeus, 1758)

　　中大型蛱蝶，翅展 68 ~ 72 mm。体翅黑褐色，斑纹白色。背面前翅中室内有 1 个横斑，中室外侧有 1 条不整齐斑列，自顶角向下方有 4 枚白斑。后翅中部有 1 条白带纹，亚缘有 1 列黑色新月形斑，斑内侧镶红边，外缘有 2 条青蓝色波状细纹。翅腹面红褐色，前翅中室基部有 1 个三角形青蓝色斑，后缘上方区域多黑色；后翅内缘青蓝色，翅基部有几枚青蓝色斑，亚缘区红褐色区域内有 1 列黑斑。前后翅外缘青蓝色，后翅较宽，中有 1 条黑线纹（图 8-124、图 8-125）。

　　1 年发生 1 代，成虫多见于 6—7 月，多在海拔 800 ~ 1 000m 的落叶阔叶林地发生，飞行迅速，有在林下地面吸水、吸食牲畜粪便及烂水果的习性。

　　● 分布：本种为欧洲保护种，国外见于日本及朝鲜半岛、欧洲等地；国

图 8-124　红线蛱蝶（背面）

图 8-125　红线蛱蝶（腹面）

内分布于北京、河北、河南、山西、陕西、甘肃、宁夏、甘肃等地。北京密云、门头沟等地可见。

● 寄主：杨柳科的山杨树。

8.43　折线蛱蝶　*Limenitis sydyi* Lederer, 1853

中型蛱蝶，翅展50～55 mm。翅黑褐色，雌蝶稍淡。背面前翅顶角有2枚白斑，雄蝶布满淡紫色闪光鳞片，前翅中室端有1个不清晰的"一"字形纹；雌蝶前翅中室从基部发出1条白色细纵纹，中室端有1个清晰的"一"字纹；雌雄蝶前翅中室外侧均有1列白色斑纹组成斜带，达Cu_2脉，其下侧有白斑2枚，后翅中域有1条白色宽带。雌蝶亚缘有1条间断的白线纹，翅腹面前翅中室下侧黑褐色，中室内有2枚白斑，并围有黑线纹，其余斑纹同背面；后翅基部、前缘、内缘青蓝色，近基部有5个黑点及4条短黑线，翅中部有1条白带纹，亚缘红褐色区有2列黑色圆点。前后翅外缘有1条青蓝色带纹，带纹中央有1条褐色线纹（图8-126、图8-127）。

1年1代，成虫发生期6—8月，多见于海拔800～1 000m的落叶阔叶林地，飞行迅速，有在林下地面吸水、吸食牲畜粪便及烂水果的习性（图8-128）。

● 分布：国外见于蒙古、俄罗斯及朝鲜半岛；国内分布于北京、黑龙江、吉林、辽宁、内蒙古、河北、河南、陕西、山西、甘肃、宁夏、新疆、湖北、江西、浙江、四川、云南等地。

● 寄主：不详。

图8-126　折线蛱蝶（♂，背面）　　　　图8-127　折线蛱蝶（♂，腹面）

图8-128　折线蛱蝶（♂，生态照）

8.44　横眉线蛱蝶　*Limenitis moltrechti* Kardakov, 1928

中型蛱蝶，翅展50～55 mm。前翅中室端部"一"字形白斑明显，顶角处有3个白斑，翅中部有1条斜带纹；后翅中部有1条白色带纹；前后翅亚缘有1条暗色线纹。后翅腹面基部及内缘青蓝色鳞片极少，基部有5条纵线纹，亚缘褐色区域内无黑斑（区别于折线蛱蝶）（图8-129、图8-130）。

1年1代，成虫多见于6—8月，喜在山区路边徘徊或落于地表，有吸水习性，飞行较快（图8-131）。

● 分布：国外见于朝鲜半岛；国内分布于北京、黑龙江、河北、河南、湖北、陕西、山西、宁夏等地。北京见于远郊山区。

● 寄主：忍冬科植物。

图8-129　横眉线蛱蝶（背面）

图8-130　横眉线蛱蝶（腹面）

图8-131　横眉线蛱蝶（生态照）

8.45　扬眉线蛱蝶　*Limenitis helmanni* Lederer, 1853

中型蛱蝶，翅展48～52 mm。翅背面黑褐色，前翅中室内有1条纵的眉状白斑，斑近端部中断，端部一端向前尖出；中横白斑列在前翅弧形弯曲、在后翅带状，边缘不整齐；雄蝶前后翅的亚缘线不明显。翅腹面红褐色，后翅基部及臀区蓝灰色，翅面除白斑外，各翅室有黑色斑或点，外缘线及亚缘线清晰（图8-132、图8-133）。

1年1代，成虫多见于6—8月。经常发生区位于海拔800～1 000m的落叶阔叶林地，飞行迅速，有在林下地面吸水习性。

● 分布：国外见于日本、俄罗斯及朝鲜半岛；国内分布于北京、黑龙

图8-132　扬眉线蛱蝶（背面）

图8-133　扬眉线蛱蝶（腹面）

江、河北、浙江等地。北京延庆、门头沟、密云等地区山区可见。

● 寄主：忍冬科植物。

8.46　中华蓓蛱蝶　*Patsuia sinensis* (Oberthür, 1876)

中型蛱蝶，翅展55～58 mm。翅背面黑褐色，斑纹淡黄褐色。前翅中室中部和端部各有1个长圆形斑，中室端外侧有3枚不明显的小长条斑，近顶角有3～4个斑，中区2个，后缘近后角处有1个斑；后翅基部有1个大型斑，中部有大小一致的7个斑，成弧形横列；前后翅外缘有模糊不清的淡色带纹。前翅腹面大部分黄色，顶角土黄色，斑同背面；后翅土黄色，翅中央有一弯曲的棕褐色横带，外缘有1条不清晰的棕褐色细波状纹（图8-134、图8-135）。

1年1代，成虫多见于6—7月。经常发生区位于海拔800～1 000m的落叶阔叶林地，飞行迅速，有在林下地面吸水习性。

● 分布：国外分布信息不详；国内分布于北京、河北、河南、山西、陕西、甘肃、云南、四川等地。

● 寄主：不详。

图8-134　中华蓓蛱蝶（背面）　　　　图8-135　中华蓓蛱蝶（腹面）

8.47　小环蛱蝶　*Neptis sappho* (Pallas, 1771)

小型蛱蝶，翅展40～50 mm。雌雄类似。体翅黑色，触角末端为明显的黄色，斑纹白色。前翅中室内有1个棒形斑，有断痕；中室端外有1个眉状纹，呈三角形，棒形斑和眉状纹之间有1个黑色纹将它们分离，中室外围排列数个呈弧形状的白斑，亚缘区有1列小白斑；后翅基部及亚缘区各具1列白斑带，基部白斑带始终等宽，缘毛黑白相间，白色缘毛与黑色等宽。翅腹面红褐色，前翅斑同背面；后翅除有2条较宽的横带外，缘区还有2条白色细条纹，斑同背面（图8-136、图8-137）。

1年多代，多见于4—9月，部分区域全年可见，成虫飞行缓慢，喜滑翔（图8-138）。

● 分布：国外见于日本、印度、越南、泰国及朝鲜半岛、欧洲等地；国内分布于北京、黑龙江、辽宁、山东、河南、浙江、福建、广东、广西、四川、云南等地。北京远近郊各山地均有发生。

● 寄主：胡枝子等豆科植物。

图8-136　小环蛱蝶（背面）

图8-137　小环蛱蝶（腹面）

图8-138　小环蛱蝶（生态照）

8.48　提环蛱蝶　　*Neptis thisbe* Ménétriés, 1859

　　中大型蛱蝶。翅背面黑色，斑纹黄色，前翅具有"曲棍球杆"状的斑纹，亚顶角有2个黄斑，其中下方黄斑较小。后翅中带与外带颜色相异，且外中区横带较细，不明显。后翅腹面基部有1条紫白色基条，基条不贴近前缘，基条外侧下方还有1个紫白色斑点，内中区横带黄白色，横带内最靠外侧的斑块明显较小，而靠内的那个黄斑凸出非常明显，为横带中最长的斑块，外中区横带窄，为紫白色，2个横带区间为深棕红色，外中区横带的外侧为较纯净的土金色（图8-139、图8-140）。

　　成虫多见于5—7月。

　　● 分布：国外见于俄罗斯和朝鲜半岛；国内分布于北京、黑龙江、吉林、辽宁、浙江、福建、湖北、四川、云南等地。

　　● 寄主：不详。

图8-139　提环蛱蝶（背面）　　　　　　　　图8-140　提环蛱蝶（腹面）

8.49　黄环蛱蝶　　*Neptis themis* Leech, 1890

　　中型蛱蝶，翅展65～75 mm。与提环蛱蝶相似，翅背面黑褐色，前翅中室内有1条黄色纵条纹，中室端外侧至后缘有3个黄斑，前缘中部略靠外有2个小黄斑，不清晰，顶角内侧有3个黄色斜斑；后翅中部有1条黄条纹。前后翅亚端线暗黄褐色，后翅亚端线明显宽阔成带状。翅腹面褐色，大部分斑纹与背面相同；后翅基部有1条白带纹，中部带纹浅黄，外侧有1列褐色斑，亚缘区有1条白色线纹，前后翅端带黄色较宽（图8-141至图8-143）。

　　1年1代，发生期6月中旬至8月。

　　● 分布：国外见于越南；国内分布于北京、河北、河南、陕西、甘肃、四川、湖北、湖南、浙江、云南、西藏等地。北京延庆、门头沟、密云等地可见。

　　● 寄主：不详。

图8-141　黄环蛱蝶（背面）　　　　　　　图8-142　黄环蛱蝶（腹面）

图8-143　黄环蛱蝶（生态照）

8.50　单环蛱蝶　　*Neptis rivularis* (Scopoli, 1763)

　　小型蛱蝶，翅展45～52 mm。体翅黑色，斑纹白色。背面前翅中室内白色长条纹裂成4段，中室端下方有2个大白斑，后缘有2个小白斑，顶角内有4个白斑，最后1个不明显。后翅中部有1条宽横带，带内斑呈长方形，排列整齐紧密。翅腹面棕褐色，斑纹与背面相似，后翅基部有白色短纵斑，不达前缘，前后翅沿外缘有2条白色月牙形斑带（图8-144至图8-148）。

成虫多见于6—8月。

● 分布：国外见于中东欧至远东的广大区域；国内分布于北京、黑龙江、吉林、辽宁、内蒙古、甘肃、青海、宁夏、新疆、陕西、四川、湖北等地。

● 寄主：绣线菊、胡枝子。

图8-144　单环蛱蝶（黑化个体，背面）

图8-145　单环蛱蝶（黑化个体，腹面）

图8-146　单环蛱蝶（背面）

图8-147　单环蛱蝶（腹面）

图8-148　单环蛱蝶（生态照）

8.51 链环蛱蝶 *Neptis pryeri* Butler, 1871

中小型蛱蝶，翅展52～55 mm。体翅黑色，斑纹白色。背面前翅中室内有1个细而长的纵纹，断续状，中室端下方有4个白斑排成弧形，近顶角处有白斑4枚，余斑不清晰。后翅有2条白色带纹。翅腹面红褐色，斑较背面大，后翅基部有许多黑点斑，易与其他种区分（图8-149至图8-151）。

1年多代，多见于7月，部分地区成虫几乎全年可见。

● 分布：国外见于日本、朝鲜半岛；国内分布于北京、吉林、河南、山西、浙江、上海、江西、安徽、湖北、福建、台湾、重庆、贵州等地。北京东灵山、松山、云蒙山可见。

● 寄主：不详。

图8-149　链环蛱蝶（背面）　　　　　　图8-150　链环蛱蝶（腹面）

图8-151　链环蛱蝶（生态照）

8.52　重环蛱蝶　*Neptis alwina* (Bremer & Grey, 1852)

中大型蛱蝶，翅展70～77 mm。翅黑色，斑纹白色。背面前翅中室有1个长纵纹，具较宽的缺刻，中室外侧有1列斑排列成弧形，第3枚较小，近顶角有3个白斑，排成"V"形，顶角尖部白色，亚缘有断续的白斑带；后翅有2条白色横带纹。腹面棕褐色，前翅斑同背面，后翅基部有1个白色基条。雌雄类似，但雌蝶翅形更圆阔，前翅顶角没有明显的白斑（图8-152至图8-154）。

1发生1代，成虫多见于6—8月。

● 分布：国外见于俄罗斯、蒙古、日本及朝鲜半岛等地；国内分布于北京、贵州、云南、青海、宁夏、陕西、内蒙古、辽宁、山东、山西、河北、河南、浙江、湖北、湖南等地。北京门头沟、延庆、密云、怀柔、房山可见。

● 寄主：梅、杏、李等果树。

图8-152　重环蛱蝶（背面）

图8-153　重环蛱蝶（腹面）

图8-154　重环蛱蝶（生态照）

8.53 朝鲜环蛱蝶 *Neptis philyroides* Staudinger, 1887

中型蛱蝶，雌雄斑纹类似。翅背面黑色，斑纹白色。前翅中室内有白色斑条，中室外侧的斑纹最上方的斑块比较发达，向内几乎与中室条相连，中室条与外侧斑纹形成勺状，亚顶角处有3个斑块，内侧靠前缘处有2个明显的白色小斑，亚缘线为白色细条纹。后翅有2条横带，内侧宽，外侧窄。翅腹面深褐色，斑纹与背面相似（图8-155至图8-157）。

成虫多见于5—8月。

● 分布：国外见于俄罗斯、越南及朝鲜半岛等；国内分布于北京、黑龙江、吉林、辽宁、河南、陕西、江苏、台湾、浙江、四川、重庆、贵州等地。

● 寄主：不详。

图8-155 朝鲜环蛱蝶（背面）

图8-156 朝鲜环蛱蝶（腹面）

图8-157 朝鲜环蛱蝶（生态照）

9 灰蝶科

灰蝶是小型美丽的蝴蝶，极少数为中型种类。翅背面与腹面斑纹差异显著，腹面斑纹非常丰富，是分类鉴定的重要特征。本科种类通常以卵或幼虫越冬，成虫飞行迅速，且体型较小，不少种类往往不易捕到。世界上已知6 700种，中国已知600多种，目前北京地区已发现有39种，本书记录37种。

9.1 诗灰蝶 *Shirozua jonasi* (Janson, 1877)

中小型灰蝶，翅展36~38mm。体翅杏黄色，背面翅基部有少量黑色鳞片，前翅顶角具黑斑，且多变异，雌蝶较明显；后翅尾突黑色，尖端白色；缘毛橙黄色。翅腹面颜色略深，前翅中室端斑黄褐色，外侧有黄褐色横带；后翅中室端斑黄褐色，细长，近中部有1条黄褐色波状带纹，臀区橙红色（图9-1、图9-2）。

1年1代，成虫多见于7—8月，成虫多栖于阔叶林地带树木的叶上，飞行缓慢。在北京延庆此蝶多在8月中下旬出现，是出现较晚的蝴蝶。此蝶的翅比较软，飞行中多有损伤，完整的较少。

● 分布：国外见于俄罗斯、日本及朝鲜半岛等，国内分布于北京、黑龙江、吉林、辽宁、河北、陕西、四川等地。

图9-1 诗灰蝶（背面）

图9-2 诗灰蝶（腹面）

●寄主：幼虫取食蚜虫及介壳虫的分泌物及落卵植物的新芽，落卵植物以壳斗科植物为主。

9.2　线灰蝶　　*Thecla betula* (Linnaeus, 1758)

中大型灰蝶，翅展38～40mm。体翅黑褐色，雄蝶前翅中室端部有1个长横斑，中室外侧有一橙红色斜向斑带，雌蝶无此斑带；后翅Cu_2脉向外延长成一较宽尾状突、橙红色、尖端白色，臀角外突、橙红色，Cu_1脉还具1个短尾突。翅腹面橙黄色，前翅中室端斑长条形，酱黄色，中室外侧有1个斜向酱黄色斑带达Cu_1脉，上宽下窄成楔形；后翅沿前缘1/3处向臀角有1条白色细线纹，2/3处的1条达臀角上方；前后翅亚端带色暗，端带呈橙红色（图9-3、图9-4）。

1年1代，成虫多见于7—8月，喜访花，飞行不快（图9-5）。

●分布：国外见于朝鲜半岛、欧洲大部分地区；国内分布于除华南以外的大部分地区。

●寄主：不详。

图9-3　线灰蝶（背面）　　　　　　　图9-4　线灰蝶（腹面）

图9-5　线灰蝶（生态照）

9.3　璞精灰蝶　*Artopoetes praetextatus* (Fujioka, 1992)

中型灰蝶，翅展35～40mm。体翅黑褐色，前后翅基半部蓝紫色，雄蝶深、雌蝶浅。翅腹面浅黄褐色，亚外缘黑色点列的内侧列斑点的内侧镶白色细弧线，外侧列斑点中有白色小点（图9-6、图9-7）。

1年1代，以卵越冬，成虫多见于6—7月，喜访花，飞行不快，数量稀少。此蝶出现时间比较早，多在6月初，北京松山能见到，延庆新堡庄也有。

●分布：国外分布信息不详，国内分布于北京、陕西、四川等地。

●寄主：木犀科女贞属植物为主。

图9-6　璞精灰蝶（背面）　　　　图9-7　璞精灰蝶（腹面）

9.4　癞灰蝶　*Araragi enthea* (Janson, 1877)

中小型灰蝶，翅展32～35mm。体翅黑褐色，前翅背面常有数枚模糊的小白点，中室端及斜下方各有1个白色斑块，较大，后翅无斑纹，尾突细长，尖端白色。翅腹面灰白色，外缘有1道暗色线纹，翅面布满黑褐色斑块，前翅斑较大，后翅后半部分常暗化，臀角处黄色，有2个黑点（图9-8、图9-9）。

1年1代，以卵越冬，成虫多见于6—8月。多喜欢栖息于山坡与溪流附近的核桃林中，有时可以见于山区农田及果园附近。8月初在北京松山兰角沟会出现很多，飞行不快，喜欢栖息在树叶上，栖息时翅像蛾子一样平展，只能看到灰的翅背面，不易看到腹面斑纹。

● 分布：国外见于俄罗斯、日本及朝鲜半岛；国内分布于北京、黑龙江、吉林、辽宁、河北、河南、浙江、台湾、陕西、湖北、四川等地。北京门头沟、密云、延庆可见。

● 寄主：胡桃科的山核桃或野核桃等。

图9-8　癞灰蝶（背面）

图9-9　癞灰蝶（腹面）

9.5　翠艳灰蝶　*Favonius taxila* (Bremer, 1861)

中型灰蝶。雄雌异型。体翅黑褐色，后翅具尾状突1枚，尖端白色。雄蝶翅背面具美丽的蓝色金属光泽，闪光性极强，仅在后翅前缘及臀角附近留有黑边。雌蝶翅背面暗淡无金属光泽，有时具紫色斑纹，外侧多浅褐色纹或橙色斑点。翅腹面底色浅褐色或褐色，前、后翅白线无暗色线纹，在前翅近直线状，在后翅折叠呈"W"字形。前、后翅中室及外侧无暗色条或极模

图9-10　翠艳灰蝶（♂，背面）

图9-11　翠艳灰蝶（♂，腹面）

糊。后翅亚缘线白色2条，臀角处橙黄色，具黑色圆斑（图9-10至图9-13）。

1年1代，以卵越冬，成虫多见于7—8月，主要栖息在落叶阔叶林（图9-14）。

● 分布：国外见于俄罗斯及远东地区；国内分布于北京、吉林、辽宁、河北、河南、陕西、甘肃、四川、云南、浙江等地。

● 寄主：栎、橡树、榛、板栗等壳斗科植物。

图9-12　翠艳灰蝶（♀，背面）　　　　图9-13　翠艳灰蝶（♀，腹面）

图9-14　翠艳灰蝶（生态照）

9.6　考艳灰蝶　　*Favonius korshunovi* (Dubatolov & Sergeev, 1982)

中型灰蝶。雄雌异型。体翅黑褐色，后翅具尾状突1枚，尖端白色。雄蝶翅背面具美丽的蓝色金属光泽，闪光性极强，仅在后翅前缘及臀角附近留有黑边。雌蝶翅背面暗淡无金属光泽，有时具紫色斑纹，外侧多浅褐色纹或橙色斑点。翅腹面底色浅褐色或褐色，前、后翅白线无暗色线纹，在前翅近直线状，在后翅折叠呈"W"字形。前、后翅中室及外侧无暗色条纹或极模糊。后翅亚缘线白色2条，臀角处橙黄色，具黑色圆斑（图9-15、图9-16）。本种易与艳灰蝶混淆，本种雄蝶后翅背面sc+r_1室绿色鳞占满全室，而翠艳灰蝶仅占室面积的三分之一。

1年1代，以卵越冬，成虫多见于7—8月，主要栖息在落叶阔叶林。此蝶北京玉渡山有分布，延庆不少地方的山顶也能见到，在阳光下飞舞时，像闪耀的亮片，非常好看。2018年在玉渡山见到很多，但是2019年数量很少，据蝶友说此蝶有大小年。

●分布：国外见于俄罗斯及远东地区；国内分布于北京、吉林、辽宁、河北、河南、陕西、甘肃、四川、云南、浙江等地。

●寄主：栎、橡树、榛、板栗等壳斗科植物。

图9-15　考艳灰蝶（背面）

图9-16　考艳灰蝶（腹面）

9.7　东亚燕灰蝶　*Rapala micans* (Bremer & Grey, 1853)

●别名：美燕灰蝶。

中型或中小型灰蝶。雌雄斑纹相似。躯体背侧黑褐色，腹侧胸部浅褐色或灰色，腹部黄白色或橙色。后翅有细长尾突。翅背面褐色，有蓝色金属光泽，常有橙红色纹。翅腹面底色褐色或浅褐色，前后翅各有1条线纹，外侧为模糊白线，中间为暗褐色线，内侧为橙色线。线纹于后翅反折呈"W"字形。前后翅中室端有模糊暗褐色短条，沿外缘有2道暗色线，后翅臀角附近有眼状斑。雄蝶前翅腹面后缘具长毛，后翅背面近翅基处有半圆形灰色性标（图9-17、图9-18）。

　　1年多代，成虫除冬季外全年可见。主要栖息在阔叶林（图9-19）。

　　●分布：国外见于印度、泰国、尼泊尔、马来西亚、印度尼西亚等地；国内分布于北京、湖北、四川、云南等地。

　　●寄主：不详。

图9-17　东亚燕灰蝶（背面）　　　　　图9-18　东亚燕灰蝶（腹面）

图9-19　东亚燕灰蝶（生态照）

9.8　蓝燕灰蝶　　*Rapala caerulea* Bremer & Grey, 1852

　　中型灰蝶。雌雄斑纹相似。躯体背侧黑褐色，腹侧胸部灰白色，腹部橙色。后翅有细长尾突。翅背面褐色，常有橙色纹，雄蝶前翅中室下部及后翅大部分有紫色闪光，雄蝶后翅背面近翅基部有灰色性标。翅腹面底色黄褐色或灰白色，夏型黄褐色，雄蝶前翅腹面后缘具长毛，前后翅中室端各有1

条镶浅色线的短条纹，中域均有两侧镶浅色纹的带纹，在后翅反折，呈"W"形，沿外缘有2条暗色线，后翅臀角附近有眼状斑（图9-20、图9-21）。

1年多代，成虫除冬季外终年都可见。栖息在阔叶林、灌丛、荒地（图9-22、图9-23）。

●分布：国外见于朝鲜半岛；国内分布于北京、河北、陕西、浙江、福建、台湾、四川、重庆、甘肃等地。北京远近郊各山地可见。

●寄主：不详。

图9-20　蓝燕灰蝶（背面）　　　　图9-21　蓝燕灰蝶（腹面）

图9-22　蓝燕灰蝶（生态照）（1）　　图9-23　蓝燕灰蝶（生态照）（2）

9.9　东北梳灰蝶　*Ahlbergia frivaldszkyi* (Lederer, 1855)

小型灰蝶。雌雄同型。翅背面底色灰褐色，前后翅基部至亚外缘具深蓝色闪光，外缘波浪状。雄蝶前翅前缘具披针状性标，较为隐蔽。翅腹面棕褐色，前翅中部具深棕色条纹，后翅基部棕黑色，亚外缘具1圈棕黑色波浪纹（图9-24、图9-25）。

1年1代，成虫多见于3—5月。中低海拔阔叶林山区有分布，喜访花与落地吸水，飞行路线不规则（图9-26）。

● 分布：国外见于俄罗斯、朝鲜半岛；国内分布于北京、黑龙江、吉林、辽宁、河北、陕西、山西等地。

● 寄主：蔷薇科绣线菊属植物。

图9-24　东北梳灰蝶（背面）　　　　　图9-25　东北梳灰蝶（腹面）

图9-26　东北梳灰蝶（生态照）

9.10　乌洒灰蝶　*Satyrium w-album* (Knoch, 1782)

● 别名：裳曲纹灰蝶。

中型灰蝶，翅展35～38mm。雌雄同型。体翅黑褐色，雄前翅平直，中室端上方有1个近椭圆形性标；后翅具尾突1对，一长一短，臀角处圆形突出，橙红色。翅腹面灰褐色，前翅亚缘有1条白色横线纹，末端向内弯曲；

后翅从近前缘中部向臀角处有1条白色波状细线纹，在臀角上方呈"W"形，沿外缘有2条不明显白色波状线，内夹橙色带纹；带纹中cu_1、cu_2室各具1个黑色圆点，cu_2室圆点上覆青蓝色鳞片，臀角黑色（图9-27、图9-28）。

1年1代，成虫多见于5—8月，喜访花和落地吸水。北京延庆的团山是看乌洒灰蝶的好地方，山不高，还有木栈道直通山顶，石灰岩的山体、植被稀疏，但是蝴蝶资源丰富，尤其是乌洒灰蝶，从5月到8月，都会大量出现（图9-29）。

● 分布：国外见于日本、俄罗斯、亚美尼亚、捷克及朝鲜半岛等地；国内分布于北京、黑龙江、辽宁、吉林、内蒙古、河北、河南、陕西、山西等地。北京延庆、门头沟地区可见。

● 寄主：榆树、苹果树、山毛榉等。

图9-27　乌洒灰蝶（♀，背面）　　图9-28　乌洒灰蝶（♀，腹面）

图9-29　乌洒灰蝶（生态照）

9.17　塔洒灰蝶　*Satyrium thalia* (Leech, 1893)

中小型灰蝶。翅背面棕黑色，后翅有尾丝。翅腹面灰黑色，前后翅中室顶部有黑斑，前翅腹面亚外缘有1列不连续黑斑，中部具1列不连续黑斑，后翅亚外缘有1条不连续红斑带，红斑内侧有2列不连续黑斑，雄蝶前翅具1个长卵圆形性标（图9-42、图9-43）。

1年1代，成虫多见于6—7月。飞行能力强，分布于中高海拔地区阔叶林区。成虫喜访花也喜落地吸水。

- 分布：国内分布于北京、陕西、湖北、四川、甘肃、河南等地。
- 寄主：蔷薇科苹果属植物。

图9-42　塔洒灰蝶（♂，背面）　　　图9-43　塔洒灰蝶（♂，腹面）

9.18　大卫新灰蝶　*Neolycaena davidi* (Oberthür, 1881)

小型灰蝶。翅背面黑褐色，无斑纹。腹面前后翅外缘有1列黑斑，前翅外缘斑不清晰，中室斑有或无，亚缘有6个白斑，排成1列，后翅黑色外缘斑清晰，斑带中央有弧形红线纹，中室白斑清晰，亚外缘斑白色（图9-44、图9-45）。

1年1代，成虫多见于5—6月。常在寄主附近活动，喜访花。

- 分布：国外分布于俄罗斯、蒙古；国内分布于北京及东北地区。
- 寄主：不详。

图9-44　大卫新灰蝶（背面）　　　　　图9-45　大卫新灰蝶（腹面）

9.19　红灰蝶　　*Lycaena phlaeas* (Linnaeus, 1761)

　　中小型灰蝶，翅展32～35mm。前翅背面红色，中室中部及端部各有1个黑斑，中室外侧1列黑斑，共7枚，前3斑外斜，后两斑相连，端带黑色较宽。后翅黑褐色，中室端有1个长形黑斑，外缘带橙红色较宽，翅外缘在臀角部内凹，缘毛灰白色。前翅腹面橙黄色，中室基部有1个黑斑，余斑纹同背面，端带灰色，内侧下部有3枚黑色长方形斑，后缘灰色；后翅灰褐色，基部有5个小黑斑，亚缘1列小黑斑，端带浅红色，呈锯齿状（图9-46、图9-47）。

　　成虫多见于5—9月，喜访花，常在河流、沟渠附近活动。北京延庆旧县镇的拦河闸库区，在干涸的库底，植被茂盛，红灰蝶比较多（图9-48）。但由于无林荫，经常是头顶烈日，脚踏草丛，找起来非常辛苦。

图9-46　红灰蝶（背面）　　　　　图9-47　红灰蝶（腹面）

● 分布：国外分布于世界各地；国内分布于北京、陕西、四川、西藏、云南、新疆等地区。北京海淀、门头沟、延庆、昌平、密云、怀柔等地区可见。

● 寄主：酸模、何首乌、羊蹄等蓼科植物。

图9-48　红灰蝶（生态照）

9.20　橙昙灰蝶　*Thersamonia dispar* (Haworth, 1802)

中小型灰蝶，翅展35～38mm。雌雄异型。雄性翅橙色，外缘黑色，后翅基部及臀缘有较宽黑色区，外缘黑色。雌性前翅橙色，中室内有黑斑2枚，亚缘区有黑斑1列，端带黑色较宽；后翅黑褐色，中室端纹黑色较细，沿外缘有1个橙色宽带，两侧有黑斑相嵌。雄雌腹面斑纹相同，前翅淡橙黄色，中室内两斑及端斑等距排列，亚缘区及端区各有黑斑1列，外缘灰色；

图9-49　橙昙灰蝶（♂，背面）

图9-50　橙昙灰蝶（♂，腹面）

后翅灰褐色，基部色暗，有黑斑5枚，中室端横纹细长，中断开，亚端区黑斑1列，端带较宽，橙红色，两侧具黑斑（图9-49至图9-52）。

1年2代，成虫多见于5—9月，喜访花，常在小溪、河流附近的草丛中活动。

● 分布：国外见于荷兰、英国、哈萨克斯坦、俄罗斯、蒙古及朝鲜半岛；国内分布于北京、吉林、辽宁、内蒙古等地；北京延庆、朝阳、海淀、通州等地区可见。

● 寄主：不详。

图9-51　橙昙灰蝶（♀，背面）　　　图9-52　橙昙灰蝶（♀，腹面）

9.21 紫罗兰昙灰蝶 *Thersamonia violacea* (Staudinger, 1892)

中型灰蝶。前翅背面红褐色，中室及中室端各有1个黑斑，中域有黑斑1列7个，外缘为黑色宽带，后翅黑褐色，中室有红褐色细线纹，外缘有红

图9-53　紫罗兰昙灰蝶（背面）　　　图9-54　紫罗兰昙灰蝶（腹面）

褐色带，缘毛白色，翅面有淡紫色光泽。前翅腹面橙黄色，中室外侧3个黑斑斜向外缘，下面4个直向，外缘灰褐色，后翅灰褐色，中室外侧斑带不规则排列（图9-53、图9-54）。

1年1代，成虫多见于6月，喜栖息于亚高山草甸。

● 分布：国外分布信息不详；国内分布于北京、河北、甘肃等地。

● 寄主：不详。

| 9.22 | 古灰蝶 | *Palaeochrysophanus hippothoe* (Linnaeus, 1761) |

中小型灰蝶，翅展30～32mm。体翅背面枣红色，前翅中室端有1个黑斑，前缘及外缘黑色较宽，雌蝶暗褐色；后翅内缘黑色，前缘、外缘有黑色宽带，宽带内侧近臀角具小黑斑3～4枚。翅腹面灰褐色，中室内及中室端各具一黑斑，中室外侧黑斑2列，内列斑较大；后翅中室及基部散布黑斑5枚，亚缘区黑斑1列，端区黑斑2列，近臀角处夹淡橙色宽带（图9-55、图9-56）。

1年1代，成虫多见于7月，喜访花，栖息于亚高山草甸环境。在大海坨的高山草甸上有此蝶分布，雄蝶红色，雌蝶灰色，只在7月底见过一次，在山顶上捕到过一只雄蝶，在鞍部树林边雌雄蝶都有。

● 分布：国外见于蒙古、俄罗斯及朝鲜半岛等地；国内分布于北京、河北、内蒙古、吉林、黑龙江等地。北京见于东灵山、大海坨。

● 寄主：豆科植物。

图9-55　古灰蝶（背面）　　　　图9-56　古灰蝶（腹面）

9.23　黑灰蝶　　*Niphanda fusca* (Bremer & Grey, 1853)

中型灰蝶，翅展 36～40mm。雌雄异型。体翅黑褐色，雄性翅上具强烈紫色闪光，雌性翅棕灰色，基部具紫色闪光鳞粉，无斑纹及尾丝。腹面灰褐色，斑纹褐色，围白边。前翅基后方有一大型斑，中室中部一长圆斑，中室端斑近方形，中室外侧与外缘平行有1列斑，端部斑淡而模糊；后翅基部有4个黑斑，中室端斑较长，外侧1列斑不整齐，端斑同前翅（图9-57、图9-58）。

1年1代，成虫多见于5—7月，喜访花，飞行较快。

● 分布：国外见于日本、俄罗斯及朝鲜半岛；国内分布于北京、辽宁、陕西等地。

● 寄主：幼虫以蚂蚁幼虫为食。

图9-57　黑灰蝶（背面）　　　　　　　　图9-58　黑灰蝶（腹面）

9.24　蓝灰蝶　　*Everes argiades* (Pallas, 1771)

小型灰蝶，翅展 20～28mm。雌雄异型。雄性翅蓝紫色，外缘褐色，缘毛灰白色。前翅中室端有一不明显黑斑；后翅沿外缘有1列小黑斑，Cu_2脉延伸成小尾丝，细而短，尖端白色。雌性翅黑褐色，前翅无斑，后翅外缘近臀角有1列橙红色斑，2～4个，斑下部有黑点。雌蝶前翅中室及中室下部、后翅外缘有青蓝色鳞片。翅腹面白色，前后翅中室端有淡色细横纹，外侧有3列斑，前翅内列斑整齐清楚，后翅斑不整齐，外两列斑色淡，夹有橙红色斑，后翅橙斑外侧黑斑清晰，中室及前缘还各具1个小黑斑（图9-59至图9-61）。

1年多代，成虫多见于3～11月。

● 分布：国外见于欧洲至亚洲东北部的广大地区，以及东南亚和南亚的北部地区；国内大部分地区都可见，为灰蝶科中最常见种。

● 寄主：青杠、苜蓿、紫云英、苦参、大巢菜、豌豆、铁扫帚、白车轴草等豆科植物及大麻科的葎草等植物。

图9-59 蓝灰蝶（背面）   图9-60 蓝灰蝶（腹面）

图9-61 蓝灰蝶（生态照）

9.25　玄灰蝶　　*Tongeia fischeri* (Eversmann, 1843)

小型灰蝶，翅展20～24mm。体翅背面黑褐色，前翅中室端有1个黑斑，不明显；后翅外缘有1列小黑点，黑点上侧有不明显蓝斑，尾丝极细短，尖端白色，缘毛白色。翅腹面灰白色，前后翅沿外缘各有3列黑斑，镶白边，中室端斑1个，中室端与外侧的1列斑形成明显的"Y"形；后翅外

2列近臀角处夹有橙色斑，翅基部有斑4～5枚，中室端斑细长，色淡（图9-62、图9-63）。

1年多代，成虫在部分地区全年可见。此蝶应该是北京地区能见到的最小蝴蝶种类，春季个体更小，近地面飞行，很难引人注意，在各种的沙石路面都有可能见到。

● 分布：国外从东南欧到远东地区，以及日本的广大地区都可见；国内分布于北京、黑龙江、辽宁、陕西、河南、福建、台湾等广大区域。

● 寄主：景天科植物。

图 9-62　玄灰蝶（背面）　　　　　图 9-63　玄灰蝶（腹面）

9.26 琉璃灰蝶 *Celastrina argiolus* (Linnaeus, 1758)

● 别名：醋栗灰蝶。

中小型，翅展22～30mm。翅背面蓝灰色，缘毛白色，脉端黑色，前翅尤为明显。雄蝶翅外缘黑色纹窄，雌蝶翅前缘及外缘连成黑色宽带，后翅亚外缘有1列模糊黑斑点。翅腹面灰白色，有细小而颜色平均的灰褐色斑点，沿外缘带有灰褐色点列和波浪线纹，前翅外侧的灰褐色纹大致排列成直线，后翅cu_2室的灰褐色纹断为两截（图9-64、图9-65）。

1年多代，成虫多见于4—10月，喜访花，喜溪水和湿地。此蝶普遍存在，大小颜色差别很大，数量多时，常十几只聚集在地面或近地面的灌草上。

● 分布：国外见于古北区、东洋区北缘；国内除新疆和海南外，其余各地均有分布。

●寄主：桦、刺槐、醋栗、苹果、山楂、李、悬钩子、胡枝子、蚕豆等多种植物。

图 9-64　琉璃灰蝶（背面）　　　　　图 9-65　琉璃灰蝶（腹面）

9.27　蓝底霾灰蝶　　*Maculinea cyanecula* (Eversmann, 1848)

中型灰蝶。前翅背面蓝紫色，中室中部及端部各有1个黑斑，围绕中室外侧有黑色近楔形斑1列，外缘有褐色宽带，后翅中室端、中域、外缘有褐色斑列；前翅腹面蓝灰色，中室外侧斑带近方形，后翅青色，基部有4个黑斑，中室端纹呈"V"形，前后翅外缘、亚缘有黑斑列，其余斑与背面相同（图9-66、图9-67）。

1年1代，成虫多见于7月，喜访花。此蝶和胡麻霾灰蝶混合发生，北京延庆的玉渡山、新堡庄等地都能见到，数量众多，也是灰蝶中个体比较大的种类。

图 9-66　蓝底霾灰蝶（背面）　　　　　图 9-67　蓝底霾灰蝶（腹面）

● 分布：国外见于蒙古等地；国内分布于北京、内蒙古。

● 寄主：唇形花科植物岩青兰。

9.28 胡麻霾灰蝶 *Maculinea teleia* (Bergsträsser, [1779])

中型灰蝶，翅展38～45mm。体翅黑褐色。前后翅背面基半部有少量蓝色鳞粉，无斑纹，缘毛灰白色；翅腹面灰褐色，前翅中室端横纹黑色，后翅中室端斑黑色，细而长，中室内亦有一黑斑，其上部还有一略大黑圆斑，前后翅沿外缘有3列斑，内列斑较大，清晰具白环，外列斑不明显，缘线褐色（图9-68至图9-70）。

1年1代，成虫多见于7—8月，喜访花。

● 分布：国外见于日本、俄罗斯及朝鲜半岛等地；国内分布于北京、陕西、甘肃、吉林、黑龙江、内蒙古等地。北京松山、东灵山分布较多。

图9-68　胡麻霾灰蝶（背面）

图9-69　胡麻霾灰蝶（腹面）

图9-70　胡麻霾灰蝶（生态照）

9.29　黎戈灰蝶　*Glaucopsyche lycormas* Butler, 1886

中小型灰蝶，翅展35～38mm。体翅黑褐色，雄蝶翅大部分具青蓝色鳞片，雌蝶基部有少量青蓝色鳞片，翅上无斑纹及尾丝。翅腹面灰白色，雌蝶灰褐色，翅基部有少量青蓝色鳞片，缘线黑色，前翅中室端部有1条细纹，亚缘斑7个排成1列；后翅亚缘斑较小，cu_1室1个斑内靠，前缘近基部有1个黑点（图9-71、图9-72）。

1年1代，成虫多见于6月，栖息于林下草地环境。曾在北京玉渡山捉到过，此蝶如果不捉到标本，很难进行分辨，飞行时和红珠灰蝶的雌蝶区分度不大，与胡麻霾灰蝶也非常像。另外，该蝶数量也很少。

● 分布：国外见于日本、蒙古及朝鲜半岛；国内分布于北京、黑龙江、吉林、内蒙古等地。

● 寄主：野豌豆、山黧豆、蚕豆等豆科植物。

图9-71　黎戈灰蝶（背面）

图9-72　黎戈灰蝶（腹面）

9.30　珞灰蝶　*Scolitantides orion* (Pallas, 1771)

小型灰蝶，翅展25～35mm。雌雄同型，但分春夏两型。春型蝶体翅深蓝色，上覆青蓝色闪光鳞片，前翅中室端斑明显；前后翅沿外缘有1列黑斑，具青蓝色环，缘毛黑白相间。夏型蝶体翅色浅，闪光鳞片极少，斑不清楚；翅腹面灰白色，斑纹大而清晰；前翅有3列斑，外列圆形和中列方形连成带状，内列不整齐；中室中部、中部下侧、端部各有1个斑；后翅基部有4个黑斑，沿外缘有3列斑，外列及中列间夹有橙色宽带（图9-73、图9-74）。

1年2代，成虫多见于4—8月，常见于海拔500～1 700m的山区草地灌木环境（图9-75）。

● 分布：国外见于日本、俄罗斯及朝鲜半岛；国内分布于北京、黑龙江、吉林等北方地区。北京海淀、昌平、门头沟、延庆、密云等地区可见。

● 寄主：景天科植物。

图9-73　珞灰蝶（背面）　　　　图9-74　珞灰蝶（腹面）

图9-75　珞灰蝶（生态照）

9.31　扫灰蝶　*Subsulanoides nagata* Koiwaya, 1989

小型灰蝶。雌雄异型。雄蝶背面淡蓝色，翅外缘黑色，腹面底色黑色，前翅外缘具2列黑点状斑纹，中室端部有2个黑点状斑纹，后翅外缘分布2列黑色点状斑纹，中间夹带橙色斑纹，亚外缘有1条白色条纹，翅基部零星散落不规则黑点。雌蝶背面黑褐色，腹面同雄蝶（图9-76、图9-77）。

1年2代，成虫多见于4—7月。

● 分布：国内分布于北京、河北、陕西等地。

● 寄主：不详。

图9-76　扫灰蝶（♂，背面）　　　　图9-77　扫灰蝶（♂，腹面）

9.32　豆灰蝶　　*Plebejus argus* (Linnaeus, 1758)

小型灰蝶。雄蝶背面蓝紫色，前翅外缘，后翅前缘、外缘有宽阔的黑边，脉纹黑色，缘毛白色；腹面灰褐色，前后翅中室端、亚缘、外缘有黑斑列，外缘斑中部有橙色线纹，后翅基部色蓝、有黑斑，端半部底色灰白（图9-78、图9-79）。

成虫多见于6—7月，活动于草丛，喜访花。

● 分布：国外见于俄罗斯、蒙古、日本及朝鲜半岛；国内分布于我国北方大部分地区。

● 寄主：不详。

图9-78　豆灰蝶（♂，背面）　　　　图9-79　豆灰蝶（♂，腹面）

9.33 **华夏爱灰蝶** *Aricia chinensis* Murray, 1874

小型灰蝶，翅展28～32mm，雌雄蝶斑纹相似。体躯黑褐色，翅背面棕褐色，前后翅亚外缘均具有连续橙色斑带。翅腹面灰白色，前后翅亚缘均有连续橙色斑带，并散布着黑色斑点（图9-80、图9-81）。

1年多代，成虫多见于4—9月。

●分布：国外见于俄罗斯及朝鲜半岛；国内分布于北京、河北、内蒙古、河南、陕西、辽宁等地。

●寄主：牻牛儿苗科牻牛儿苗属植物。

图9-80　华夏爱灰蝶（背面）　　　　图9-81　华夏爱灰蝶（腹面）

9.34 **阿爱灰蝶** *Aricia allous* (Geyer, [1836])

小型灰蝶。雌雄斑纹类似。躯体棕褐色。翅背面棕褐色，前后翅亚外缘均具有橙色斑点；腹面灰白色，前后翅亚外缘均具有橙色斑点，但不连续，并散布着黑色斑点（图9-82、图9-83）。

1年2代，成虫多见于5—8月。常在高山或亚高山草甸环境活动。

●分布：国外见于俄罗斯及朝鲜半岛；国内分布于北京、河北、内蒙古、辽宁等地。

●寄主：牻牛儿苗科牻牛儿苗属植物。

图9-82　阿爱灰蝶（背面）

图9-83　阿爱灰蝶（腹面）

9.35 红珠灰蝶　*Lycaeides argyrognomon* (Bergsträsser, [1779])

● 别名：大豆斑灰蝶。

小型灰蝶，雄雌异色。雄蝶翅背面蓝紫色，前翅无斑，后翅前缘、外缘黑色，外缘具黑斑。雌蝶翅背面棕色。雄蝶腹面灰白色，前后翅均具有黑色中室端斑，亚外缘有橙红色斑带，翅中分布着大量黑色斑点。雌蝶腹面颜色深，斑纹分布与雄蝶近似，但比雄蝶发达（图9-84至图9-87）。

1年多代，成虫多见于4—10月。成虫喜访花，飞行缓慢（图9-88）。

● 分布：国外见于俄罗斯及朝鲜半岛；国内分布于北京、黑龙江、吉林、辽宁、河北、陕西、山西等地。

● 寄主：适应性较广。

图9-84　红珠灰蝶（♂，背面）

图9-85　红珠灰蝶（♂，腹面）

图9-86　红珠灰蝶（♀，背面）　　　　图9-87　红珠灰蝶（♀，腹面）

图9-88　红珠灰蝶（♀，生态照）

9.36　索红珠灰蝶　*Lycaeides subsolanus* Eversmann, 1851

　　小型灰蝶，雌雄异色。雄蝶翅背面灰黑色，散布着深蓝色鳞片，翅腹面白色，前后翅均具有黑色中室端斑，亚外缘有橙红色斑带，翅中域分布着大量黑色斑点，且比红珠灰蝶发达。雌蝶翅背面棕色，腹面颜色深于雄蝶，斑纹分布与雄蝶近似，但斑纹比雄蝶发达（图9-89、图9-90）。

　　1年2代，成虫多见于5—8月，活动于林间及亚高山草甸，成虫喜访花，飞行缓慢。

　　●分布：国外见于俄罗斯、日本及朝鲜半岛等地；国内分布于北京、辽宁、河北、陕西、内蒙古、新疆等地。

　　●寄主：不详。

图 9-89　索红珠灰蝶（♀，背面）　　　　图 9-90　索红珠灰蝶（♀，腹面）

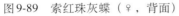

9.37　多眼灰蝶　　*Polyommatus eros* (Ochsenheimer, 1808)

小型灰蝶。雄蝶翅背面天蓝色，前后翅外缘有黑边，后翅外缘翅室端有黑斑；腹面灰褐色，基部、中室端、中域、亚缘和外缘有黑色点，亚外缘斑及外缘斑间有橙色斑（图9-91至图9-94）。

成虫多见于6—7月，活动于草地环境，喜访花。

● 分布：全世界各地。

● 寄主：不详。

图 9-91　多眼灰蝶（♂，背面）　　　　图 9-92　多眼灰蝶（♂，腹面）

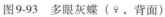

图9-93　多眼灰蝶（♀，背面）　　　　图9-94　多眼灰蝶（♀，腹面）

10 喙蝶科

喙蝶体型中等偏小，此类蝴蝶与古蝶化石标本非常相似。全世界发现1属，约10种，中国已知1属3种，北京仅有1种。

朴喙蝶　*Libythea lepita* Moore, [1858]

● 别名：长须蝶。

中型喙蝶，翅展42～49mm。下唇须发达，伸在头的前方，像鸟的喙部，触角较短，雄蝶前足退化，有毛，跗节1节。雌蝶前足正常，无毛。翅背面茶褐色，有黄色条纹或紫色暗斑，前翅顶角突出成钩状，近顶角有3个小白斑，中室内有一钩状橙褐色斑和中室外侧的圆形斑相连。后翅外缘锯齿状，中部一横带状橙褐色斑。雌雄蝶翅色和斑纹几乎完全相同，只是雌蝶翅面上的橙色斑纹略大，后翅腹面底色明显发红，而云状斑纹不清晰（图10-1、图10-2）。

1年1代，以成虫越冬，成虫多见于6—8月，常群集于溪边湿地和石壁上吸水。在北京7月的松山、玉渡山此蝶常常是优势种，在沙土道路上，成群结队，在人前飞舞，眼花缭乱（图10-3）。

图10-1　朴喙蝶（背面）

图10-2　朴喙蝶（腹面）

● 分布：国外见于南亚至东南亚地区；国内遍布全国。

● 寄主：朴树。

图 10-3　朴喙蝶（生态照）

辽宁、陕西、甘肃、青海、四川等地。

●寄主：不详。

图11-11　深山珠弄蝶（♂，背面）

图11-12　深山珠弄蝶（♂，腹面）

图11-13　深山珠弄蝶（♀，背面）

图11-14　深山珠弄蝶（♀，腹面）

图11-15　深山珠弄蝶（生态照）

11.6 花弄蝶 *Pyrgus maculatus* (Bremer & Grey, 1853)

小型弄蝶，翅展25～31mm。翅黑褐色，斑纹白色，分春、夏两型。春型较夏型斑纹略大，其前翅有16～17个白色斑点，腹面淡墨绿色，顶角淡红褐色，后翅中域及亚外缘有2列由不整齐小白斑形成的横带，而夏型常为1列，腹面淡灰褐色，中域有一粗一细2条相连的白色带纹，内侧有红褐色斑纹（图11-16至图11-19）。

成虫多见于4—7月，喜访花，喜在沙石路面上活动，早春比较常见。

● 分布：国外见于日本、蒙古及朝鲜半岛；国内分布于北京、辽宁、吉林、内蒙古、陕西、云南、浙江等地。

● 寄主：绣线菊、中华三叶委陵菜等植物。

图11-16 花弄蝶（春型，背面）

图11-17 花弄蝶（春型，腹面）

图11-18 花弄蝶（夏型，背面）

图11-19 花弄蝶（夏型，腹面）

11.7　链弄蝶　*Heteropterus morpheus* (Pallas, 1771)

● 别名：卵环弄蝶、卵链弄蝶。

中型弄蝶，翅展33～37mm。触角短，腹部狭长。翅背面黑褐色，无斑纹或前翅近顶角处有3个齐列小黄斑。腹面沿前缘至顶角及外缘处呈淡黄色，后翅腹面淡黄色，具多个围有黑边的黄白色斑，沿外缘7个长卵环状斑纹相连，中域有5个卵环状斑纹分布，翅基部有3个黑褐色长斑点（图11-20至图11-22）。

1年1代，成虫多见于6—8月。

● 分布：国外见于俄罗斯及朝鲜半岛、欧洲、中亚等地区；国内分布于北京、黑龙江、吉林、辽宁、内蒙古、山西、陕西、河南、甘肃等地。

● 寄主：不详。

图11-20　链弄蝶（背面）　　　　图11-21　链弄蝶（腹面）

图11-22　链弄蝶（生态照）

11.8　小弄蝶　　*Leptalina unicolor* (Bremer & Grey, 1852)

小型弄蝶，翅展28～32mm。翅背面黑褐色，无斑纹，腹部细长。前翅腹面黑褐色，沿前缘、顶角至外缘呈黄褐色带边；后翅腹面黄褐色，从基部到外缘具1条宽阔的银白色辐射纹，臂缘呈银黄色（图11-23、图11-24）。

1年1代或多代，成虫多见于4—5月，属于典型的早春弄蝶，个体小，颜色暗，不易引起注意（图11-25）。

● 分布：国外见于俄罗斯、日本及朝鲜半岛；国内分布于北京、黑龙江、吉林、辽宁、河北、陕西、河南、湖北、浙江等地。

● 寄主：荻、狗尾草等禾本科植物。

图11-23　小弄蝶（背面）

图11-24　小弄蝶（腹面）

图11-25　小弄蝶（生态照）

11.9 黄翅银弄蝶 *Carterocephalus silvicola* (Meigen, 1829)

小型弄蝶。前翅背面黄色，中室及中室下侧各有2个黑色长圆斑，外缘内侧黑斑7个，第3、4个斑小，后翅黑褐色，基半部有5个黄斑，外缘内侧黄斑1列；腹面色浅，斑纹同背面。前翅缘毛黑褐色，后翅黄色（图11-26、图11-27）。

1年1代，成虫多见于5月，喜访花，栖息于林缘及林间开阔地。

● 分布：国外见于俄罗斯、德国、日本及朝鲜半岛等地；国内分布于北京、内蒙古、河北、吉林、辽宁、黑龙江等地。

● 寄主：雀麦、粟草等。

图11-26　黄翅银弄蝶（背面）　　　图11-27　黄翅银弄蝶（腹面）

11.10 黄斑银弄蝶 *Carterocephalus alcinoides* Lee, 1962

小型弄蝶，翅展24～33mm。翅背面黑褐色，前翅前缘内半段下方及中室端有橙色斑，中室下侧有1个橙色斑，外侧3个大斑，后翅中部有1个橙色斑，中域有3个斑；腹面色浅，前翅斑同背面，后翅基部、中域、外侧有黄色斑带（图11-28）。

成虫多见于5月，喜访花。

● 分布：国内分布于云南、四川等地。

● 寄主：不详。

图11-28　黄斑银弄蝶（生态照）

11.11　基点银弄蝶　*Carterocephalus argyrostigma* (Eversmann, 1851)

　　小型弄蝶。前翅背面黑褐色，斑纹黄色，前翅前缘中部内陷，中室内及中室端各有1个黄斑，中室下方有2个不规则斑，顶角及亚顶角区有斑，后翅基部、中域、外侧共有7个黄斑；腹面后翅棕色，多枚银白色斑纹，分布在基部、中域及外侧（图11-29、图11-30）。

　　1年1代，成虫多见于5月，喜访花和在潮湿地表吸水。

　　●分布：国外见于蒙古、俄罗斯；国内分布于北京、内蒙古、青海、甘肃等地。

　　●寄主：不详。

图11-29　基点银弄蝶（背面）

图11-30　基点银弄蝶（腹面）

11.12 白斑银弄蝶 *Carterocephalus dieckmanni* Graeser, 1888

- 别名：银斑弄蝶。

小型弄蝶，翅展 27 ～ 31mm。翅背面黑褐色，斑纹半透明且呈银白色。前翅前缘靠基部外凸，顶角尖白色，内有 3 斑齐列，其下侧还有 1 个细长斑，基部和中室端各有 1 个白斑，中域分布有 4 个大小不等的斑，亚顶区有 5 个斑；腹面棕褐色，除顶角处多 1 个白斑外，其余与背面相同。后翅中域有 1 个大斑和 1 个小斑；腹面外缘处和中域，各有 1 个大小斑纹间错排列的横带，中室基部另有 1 个圆斑（图 11-31、图 11-32）。

1 年 1 代，成虫多见于 5 月，喜在潮湿地表吸水。春季，在北京松山的一些小溪边有时数量很多，只是个体微小、颜色暗淡，不易引起注意。

- 分布：国外见于俄罗斯、缅甸等地；国内分布于北京、辽宁、内蒙古、甘肃、四川、云南等地。

- 寄主：不详。

图 11-31　白斑银弄蝶（背面）　　　图 11-32　白斑银弄蝶（腹面）

11.13 河伯锷弄蝶 *Aeromachus inachus* (Ménétriés, 1859)

- 别名：茶星翅弄蝶、伊那香弄蝶、伊那锷弄蝶。

小型弄蝶，翅展 28 ～ 32mm。翅背面黑褐色，前翅中室端有 1 个小白斑，沿亚外缘有 1 列小白斑排列成弧状。前翅腹面呈褐色，翅脉淡褐色，斑纹同背面，但外缘还有1列淡而模糊的小斑。后翅背面无斑纹，腹面褐色，翅脉淡褐色，翅基有少许小斑，中域及外缘各有1列小黄斑（图11-33、图11-34）。

1年多代，成虫多见于5—10月。

●分布：国外见于日本、俄罗斯东南部以及朝鲜半岛等；国内分布于北京、黑龙江、吉林、辽宁、河北、河南、江苏、江西、浙江、福建、台湾、湖北、四川、陕西等地。

●寄主：芒等禾本科作物。

图11-33　河伯锷弄蝶（背面）　　　　图11-34　河伯锷弄蝶（腹面）

11.14　小赭弄蝶　*Ochlodes venata* (Bremer & Grey, 1853)

中型弄蝶，翅展28～35mm。翅背面赭黑色，雄蝶前翅中室下方有纺锤形性标，翅斑多为金黄色的不透明斑。前翅中室外端两斑发达，雌蝶中室端部的两斑相连，中室外侧脉纹清晰，亚外缘隐见暗色斑，后翅前缘黑褐色，翅面翅脉清晰。前后翅外缘线黑色，缘毛橙黄色；腹面色淡，翅脉清晰（图11-35、图11-36）。

1年1代，成虫多见于6月，喜访花（图11-37）。

●分布：国外见于蒙古、俄罗斯、日本及朝鲜半岛等地；国内分布于北京、辽宁、吉林、河南、陕西、甘肃、浙江、新疆等地。

●寄主：缩箬、莎草、芒、香附子等植物。

图 11-35 小赭弄蝶（背面）

图 11-36 小赭弄蝶（腹面）

图 11-37 小赭弄蝶（生态照）

11.15 白斑赭弄蝶 *Ochlodes subhyalina* (Bremer & Grey, 1853)

中型弄蝶，翅展 34 ~ 37mm。翅面赭黑色，斑纹黄白色，半透明，雄蝶在中室下侧有一明显的黑色纺锤形性标。中室端 2 个斑，细长，上下平行，雌蝶明显而雄蝶模糊，亚顶角的 3 个斑中，中间 1 个略内移，下方常有 1 ~ 2 个小斑。后翅中室有 1 个斑，亚外缘有 5 个金黄色斑纹。腹面色淡，斑纹同背面（图 11-38、图 11-39）。

1 年 1 代，成虫多见于 6 月，喜访花。

● 分布：国外见于日本、印度、缅甸及朝鲜半岛等地；国内分布于北京、辽宁、吉林、山东、陕西、四川、福建、云南等地。

● 寄主：缩箬、莎草、求米草等。

图 11-38　白斑赭弄蝶（背面）　　　　图 11-39　白斑赭弄蝶（腹面）

11.16　黑豹弄蝶　*Thymelicus sylvaticus* (Bremer, 1861)

中型弄蝶，翅展 27～32mm。全翅翅面黑褐色，中域具橙黄色斑，翅脉黑色。前翅外缘和后翅边缘有暗褐色宽带；翅腹面为淡橙黄色，比背面色偏黄，翅脉和斑纹与背面相同（图 11-40、图 11-41）。

1 年 1 代，成虫多见于 6—8 月。

● 分布：国外见于日本、俄罗斯东南部以及朝鲜半岛；国内分布于北京、黑龙江、吉林、辽宁、内蒙古、河北、浙江、福建、江西、湖北、四川、甘肃等地。

● 寄主：禾本科植物。

图 11-40　黑豹弄蝶（背面）　　　　图 11-41　黑豹弄蝶（腹面）

11.17 直纹稻弄蝶 *Parnara guttata* (Bremer & Grey, 1853)

- 别名：直纹稻苞虫。

中型弄蝶，翅展38～43mm。翅背面黑褐色，翅腹面黄褐色。前翅一般有7～8个半透明斑排列成半环状，顶角斑2～3个（个别个体4个），域斑3个，下边一个最大。中室有2个狭长斑，雌蝶上斑长而大，下斑多退化成小点或消失，而雄蝶此二斑基本一致。后翅中域有4个白色斑斜列成直线。翅腹面色淡，斑纹与背面相同（图11-42至图11-44）。

1年多代，成虫多见于3—11月。

- 分布：国外见于俄罗斯、日本及亚洲南部的印度、缅甸、老挝、越南、马来西亚，以及朝鲜半岛等地；国内除新疆等西北干旱地区以外，其余大部分地区均有分布。

- 寄主：芒、水稻、李氏禾等禾本科植物。

图11-42 直纹稻弄蝶（背面）

图11-43 直纹稻弄蝶（腹面）

图11-44 直纹稻弄蝶（生态照）

11.18　幺纹稻弄蝶　*Parnara bada* (Moore, 1878)

中小型弄蝶。前翅翅形略尖锐，翅背面黑褐色，翅腹面呈淡黄褐色，翅背面的斑点较细小，呈白色透明，前翅通常具4～5个小斑点，后翅中部的斑点变异较大，最多有5个，有些个体退化消失（图11-45、图11-46）。

1年多代，成虫几乎全年可见。

● 分布：国外见于印度、缅甸、泰国、越南、老挝、马来西亚、印度尼西亚、菲律宾、巴布亚新几内亚、澳大利亚等地；国内分布于福建、广东、海南、台湾、香港、西藏等地。

● 寄主：水稻、柳叶箬、牛筋草等植物。

图11-45　幺纹稻弄蝶（背面）　　　　图11-46　幺纹稻弄蝶（生态照）

11.19　隐纹谷弄蝶　*Pelopidas mathias* (Fabricius, 1798)

● 别名：隐纹稻苞虫、隐纹稻弄蝶。

中型弄蝶，翅展34～41mm。翅面黑褐色，腹面有灰黄色鳞片。雄蝶前翅一般有8个半透明细小斑排列成弧状，中室外侧有银灰色线条性标，性标与前翅2个中室斑的延长线相交；后翅背面无斑。后翅腹面有5～7个灰白斑，其中中室基部1个。雌蝶斑纹基本与雄蝶一致，在性标位置为2个小白斑（图11-47、图11-48）。

1年多代，成虫多见于3—12月。

● 分布：国外见于日本及俄罗斯远东地区、朝鲜半岛，以及南亚、东南亚、西亚及非洲等地区；国内分布于北京、辽宁、山西、上海、浙江、福建、台湾、香港、广东、广西、湖南、四川、贵州、云南等地。

● 寄主：稗、狗尾草、牛筋草、水稻、谷子等。

图11-47　隐纹谷弄蝶（背面）　　　图11-48　隐纹谷弄蝶（腹面）

| 11.20 | 中华谷弄蝶 | *Pelopidas sinensis* (Mabille, 1877) |

● 别名：六点谷弄蝶。

中型弄蝶，翅展33～38mm。翅面黑褐色，白色斑点发达。前翅8个半透明白斑排列呈"C"形，中域3个斑，由上至下依次渐大，中室斑2个斜列且与外缘平行。雄蝶前翅背面中下部具线状性标，较短，与中室斑的延长线不能相交。后翅中域有3～5个白斑斜列，腹面有5个斑近列与外缘平行。雌蝶斑纹与雄蝶类似，前翅性标位置为2个小白斑（图11-49）。

图11-49　中华谷弄蝶（生态照）

1年多代，成虫多见于4—10月。

●分布：国外见于印度、缅甸等地；国内分布于北京、辽宁、河南、上海、浙江、安徽、福建、台湾、湖南、广东、广西、四川、云南、西藏。

●寄主：水稻、芒、象草等多种禾本科植物。

11.21 山地谷弄蝶 *Pelopidas jansonis* (Butler, 1878)

中型弄蝶，翅展40～43mm。和中华谷弄蝶极相似，只是体型稍大。顶角处3斑较中华谷弄蝶小而圆，中间斑明显内移。雄蝶中室下侧有一线条性标。后翅中域4个斑略小而圆，不像中华谷弄蝶那样排列齐，而是略间隔错开排列，有2个斑紧靠一起。后翅腹面近基部具1个大白斑，中部具4个白斑，其中第3个斑很大（图11-50、图11-51）。

1年多代，成虫多见于4—9月。

●分布：国外见于俄罗斯、日本及朝鲜半岛；国内分布于北京、黑龙江、吉林、辽宁等地。

●寄主：不详。

图11-50　山地谷弄蝶（背面）

图11-51　山地谷弄蝶（腹面）

12 蝴蝶标本采集制作技术

标本是认识一种生物的重要载体。在蝴蝶展览、科普、研究等工作中，不可避免地要采集蝴蝶，然后制成标本，以便长期保存。在蝴蝶这一类昆虫类群中，除了几种是重要的农作物害虫，数量相对较多以外，自然界很多蝴蝶种类并不十分丰富。从野外直接捕捉蝴蝶，会导致野生种群的急剧减少，严重时会引发物种的灭绝。随着环境保护意识的提高，一些蝴蝶（如金斑喙凤蝶等）已经被列为国家珍稀保护动物（表12-1）。在这里，本书作者倡导蝴蝶爱好者，要尊重自然，厚待生命，尽可能不捉或少捉蝴蝶和其他生物，在确需捕捉时，建议按照有关规范去操作，尽量减少破坏，尽可能发挥标本的最大价值。

表12-1　珍稀蝶类名录

科名	中文名	学名	保护级别
凤蝶科			
	金斑喙凤蝶	*Teinopalpus aureus* Mell,1923	Ⅰ级
	二尾凤蝶	*Bhutanitis mansfieldi* (Riley,1939)	Ⅱ级
	三尾凤蝶	*Bhutanitis thaidina* (Blanchard,1871)	Ⅱ级
	中华虎凤蝶	*Luehdorfia chinensis* Leech,1893	Ⅱ级
绢蝶科			
	阿波罗绢蝶	*Parnassius apollo* (Linnaeus,1758)	Ⅱ级

12.1　采集地点与时间的选择

选择采集地点时，要从食源、水源、蜜源及寄主植物和空间等方面进行考虑。蝴蝶会因其生活习性和食性而分布于不同地区，有些种类喜欢在旷野，有些种类喜欢隐居密林，有些种类则会跟随某种特定的蜜源植物出现，有些种类则会顺着溪流飞来飞去。比较理想的采集场所是山区有自然林分布和各种各样野花盛开的地方。就山区而言，一般林带边缘及林间空地、山间谷地蝴蝶活动较多，在草甸、高山顶等地方，常分布一些很特别的种类。另外，在一些地形闭塞的山地环境中，由于生态环境相对稳定，所以可以采集到代表这一地域特点的蝴蝶种类。蝴蝶幼虫高度依赖于寄主植物，例如柑橘凤蝶的寄主植物为花椒、柑橘等，如果某地种植有花椒树，柑橘凤蝶就会很常见。在时间方面，要准确判断成虫出现的高峰期，例如对于访花种类要尽量选择上午10—11点或下午2—4点访花高峰期。如果遇到阴雨天，活动高峰期会有所推迟，相应的捕捉时间也应推迟。

12.2　采集技术

12.2.1　采集工具

（1）扫网式捕虫网　由网柄、网框和网袋三部分构成，是采集蝴蝶的最基本工具（图12-1）。本类捕虫网网柄一般为1m，现多为可伸缩的网柄，延长后可以捕捉飞行较高的种类，网框或网圈直径为33cm，网深68cm，网眼2mm。注意网眼不能太密，过密会导致兜风，不利于快速扫网。

图12-1　扫网式捕虫网

（2）三角袋　临时盛放蝴蝶标本的纸质不宜太软或太硬，一般多选用半透明的描图纸，废报纸也比较适宜，纸张大小视标本大小而定，一般为16开、32开或64开，以32开为最常用。折叠时，先沿着中心点45°对折，两个直角边用于收口。

（3）三角盒　临时收纳三角袋，防止装有标本的三角袋被挤压、折弯等。

（4）毒瓶　用于毒杀蝴蝶，目前毒性较低比较理想的药品为乙酸乙酯或乙醚。

（5）其他工具　铅笔、脱脂棉、便签纸等，主要用于记录和简单处理等。

12.2.2　采集技术

捕捉蝴蝶时，采取扫网捕捉。当遇到低空飞行的蝴蝶时，应该左右扫网，这样会更加灵活易控。如果蝴蝶停在花、叶上，同样应横扫兜网。在蝴蝶入网后，可以甩起网兜将蝴蝶困在网中，但要注意力度，以免损坏蝶翅。捕捉到以后，如果蝴蝶姿态较好，可以直接挤压蝴蝶的胸部致晕或者投入毒瓶致死或晕，然后装入三角袋。装入三角袋之前，要将翅膀并于背上，触角顺着翅膀前缘放置，这样才能防止翅膀和触角损坏。

12.3 制作技术

12.3.1 工具

（1）昆虫针　是制作蝴蝶标本的必备用具，一般用弹性优良的不锈钢材料制成，有00#、0#、1#、2#、3#、4#、5# 7个规格（表12-2），可以根据个体大小选择合适的昆虫针。

表12-2　昆虫针型号及尺寸

型号	00#	0#	1#	2#	3#	4#	5#
直径（mm）	短针或二重针	0.3	0.4	0.5	0.6	0.7	0.8
长度（mm）	短针或二重针			38.45			

（2）展翅板　展翅板是对蝴蝶标本进行整理的专用工具，可以自制也可以直接购买成品。自制最便捷的材料是高密度的挤塑板，自制时，可以将标准的挤塑板切割成宽约40cm的长条形，均匀在上面开2条沟（图12-2）。挖沟可以用刀片，也可以用烙铁头直接加热成型。注意，沟的宽度要与蝶腹部宽度相适应，过大过小均影响标本的制作。

图12-2　展翅板

（3）还软器　也称保湿缸，是软化已经变得干脆的蝴蝶标本的工具。使用时，先在屉下装入一定的蒸馏水（若非长期使用，也可以用自来水），水面距离屉底2～3cm为宜，既能保湿，也可以防止水直接浸泡标本。使用时，可以将干脆标本放入一个无盖培养皿中，然后整体放入还软器，放置时间一般24h为宜，时间过长，特别是夏季，易生长霉菌。

（4）标签　用于记录种名、采集时间、地点、采集者姓名等信息的专用记录签，尺寸为1.5cm×1.0cm，打印或铅笔书写。

（5）三级台　用于统一标定昆虫标本、标签等在昆虫针上具体位置的一种用具（图12-3）。长12cm、宽4cm、高2.4cm，分三级高度，第一级高度0.8cm，第二级高度1.6cm，第三级高度2.4cm，每一级中间有一个和5号昆虫针一样粗细的小孔，以便插入昆虫针。使用

图12-3　三级台

时，先将昆虫针穿过中胸，然后连针带虫体倒过来，把针帽端插入第一级小孔，使虫体背面紧贴台面，此时虫体位置为昆虫标本在昆虫针上的标准位置。然后将写有采集地点、时间和采集人姓名的采集标签，插入三级台的第二级小孔到底，将写有学名的标签插在三级台的第一级小孔到底。

（6）其他用具　软镊子、大头针、纸条等。

12.3.2 制作方法

取出标本，左手捏胸部，右手用昆虫针从中胸背板中央垂直插下，利用三级台，确保针帽距离标本8mm，然后将蝴蝶标本插入展翅版的凹槽内，确保翅基部与展翅板面平齐。按照先左后右、先前再后的顺序进行展翅。先用纸条在前翅基部附近把翅膀压在板面上，纸条上端用大头针固定在翅前方稍远一点的位置上，左手拉住纸条向下轻压，右手用解剖针（或大头针）向头部拨动翅膀，至前翅后缘与虫体体轴垂直稍过一点时停止，并用纸条压紧，然后将左侧触角沿前缘平行压在纸条下方；紧接着，向前拨动后翅，当前缘进入前翅后缘且翅面特征无遮挡时停止，用纸条压紧，并用大头针固定。右侧展翅方法类似。左右翅展翅完成后，为了稳固，可以在左右翅外缘附近，再各加一纸条。

12.4　标本的保存

标本制作完成以后，需要转移至带玻璃盖的标本盒中进行长期保存（图12-4）。理想的标本盒，底部应为薄的软木层，以便插针固定标本。种类和数量较少时，可以混放，种类较多时，要按照科、属进行分类保存。标本放置好后，应该在标本盒的一角固定樟脑丸等防虫剂，并将标本盒密封好，保存在避光干燥处，每半年或1年检查并换1次防虫剂。

图12-4　蝴蝶标本盒

13 国内蝴蝶馆介绍

　　蝴蝶具有很高的观赏价值、经济价值、生态价值和科普价值，尤其是观赏价值和科普价值蕴含着巨大的商业开发潜力。随着我国社会经济的发展，人们获取科学知识的兴趣越来越浓厚，对动植物专题馆的参观需求越来越强烈。近年来，全国各地已经出现了一些以蝴蝶为主题的博物馆或生态馆，人们置身其中，在领略蝴蝶之美的同时，还在环境保护意识、自然科学知识等方面受到了很好的教育。我国国土面积大，海拔高度差大，物种资源丰富，因此各地蝴蝶馆各有特色，本书选取一些代表性的场馆进行简要介绍，以供读者参考。

13.1　广州动物园蝴蝶馆

　　广州动物园蝴蝶馆于2003年落成，位于广州动物园的东北角，面积为1 250m²，是当时亚洲最大的蝴蝶展馆，也是国内最有特色的喷雾式生态蝴蝶园之一（图13-1）。整个展馆包括有"生态蝶飞园""蝴蝶标本馆"和"活体贝壳及标本馆"三大部分。园区充分运用岭南造园手法，荷花池中的涌泉和水雾装置营造了山水瀑布和云雾仙境，各种鲜花造型和多种植物的配置体现了热带雨林特色，整个馆区充满了诗情画意，让人如入仙境。生态蝶飞园设有高9m的伞形尼龙网，内有约6 000只蝴蝶翩翩起舞，这些蝴蝶以海南蝶种为主，品种达数十种，包括虎斑蝶、金斑蝶、红珠凤蝶、青斑蝶、紫斑蝶、玉带凤蝶等。网内配置有山水和丰富的植物种类，可供各种蝴蝶栖息。游人和蝴蝶之间没有设置任何障碍，游人可与蝴蝶嬉戏追逐，近距离感受蝴蝶之美。蝴蝶标本馆展出上千只全球珍稀蝶类标本，并以长廊形式展示蝴蝶生长的全过程。

图 13-1　广州动物园蝴蝶馆

13.2　浙江湖州原乡蝴蝶生态科普体验馆

　　2018年3月3日，浙江省湖州市吴兴区妙西镇的湖州原乡小镇蝴蝶生态科普体验馆正式落成，是目前亚洲规模最大、种类最多的蝴蝶生态科普体验馆，同时也是中国林业科学研究院集蝴蝶养殖、观赏、放飞、科普教育为一体的"观赏蝶科研示范基地"（图13-2和图13-3）。蝴蝶馆主体以钢结构搭配透明玻璃而成，占地面积近5 000m²，其中活体蝴蝶区域占800m²、科普馆占地4 000m²，馆内依次为蝴蝶科普博览、蝴蝶观察和儿童DIY三大区。馆内定期展出来自世界各地的蝴蝶标本，其中名贵珍品多达十余种，

图 13-2　原乡小镇蝴蝶生态科普体验馆

图 13-3　原乡小镇蝴蝶生态科普体验馆
别致建筑

包括中华虎凤蝶（图13-4）、二尾凤蝶、三尾凤蝶等，包括镇馆之宝中国国蝶金斑喙凤蝶的一个标本。金斑喙凤蝶现在已经被国际濒危动物保护委员会列入R级（稀有），位列世界八大名贵蝴蝶之首。为了展示国蝶风采，蝴蝶馆还精心打造了3D效果的金斑喙凤蝶。游客在这里可以追逐美丽的蝴蝶，观察幼虫如何破蛹成蝶，可以通过3D影像、图片和文字，全方位了解蝴蝶的分布、种类、生活习性、成长过程等科学知识，还可参与蝴蝶标本的制作、活体蝴蝶的放飞等体验活动。

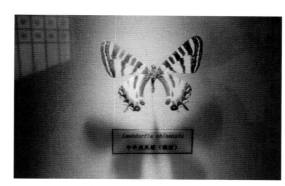

图13-4　中华虎凤蝶模型图

13.3　华希昆虫博物馆

　　华希昆虫博物馆坐落于四川省都江堰市青城山脚下，是我国首个现代化昆虫博物馆，展出标本数量居亚洲第一（图13-5和图13-6）。博物馆收藏有全部四川省已发现蝴蝶种类和珍稀、观赏昆虫标本和其他昆虫标本总量超十万余件，其中仅我国蝴蝶种类就达1 700多种，占我国已知种类的95%以上，是国际学术界公认的全球收藏中国蝴蝶种类最齐全的博物馆。馆中有歌利亚鸟翼凤蝶、君主斑蝶（美国国蝶）、大紫蛱蝶（日本国蝶）、金斑喙凤蝶（中国国蝶）等珍稀品种。

　　该馆现代化展示设施富有视觉冲击力，颇令人称奇。庞大的多媒体电脑展示系统、昆虫电影放映厅、数千只观赏蝶种制成的蝴蝶树与蝴蝶柱、按照实物等比例精确放大的巨大昆虫仿真模型等，可以带领游客从延续了4亿年的物种中欣赏到自然的微观之美，探索生命的本质。

图 13-5　华希昆虫博物馆

图 13-6　华希昆虫博物馆内部

13.4　上海昆虫博物馆

　　上海昆虫博物馆前身是法国神父韩伯禄(P. Heude)1868 年筹建的上海震旦博物馆（Musee Heude）的昆虫部，当时有"亚洲的大英博物馆"之美称，经过 100 多年的创业和发展，2001 年并入中国科学院生命科学研究院植物生理生态研究所。现收藏全国各地昆虫标本 100 多万，包括一大批濒危珍稀昆虫标本及国际和国内的危险性检疫害虫标本，是我国大型的专业昆虫馆（图 13-7）。整个昆虫馆分序厅、昆虫生命厅、昆虫世界厅、昆虫与人类厅、昆虫文化厅、昆虫放映厅、互动实验室等。

　　馆内收藏历史悠久，标本产地覆盖世界各地，如金斑喙凤蝶（国家Ⅰ级保护动物）、二尾凤蝶、三尾凤蝶、中华虎凤蝶、阿波罗绢蝶等国家级保护动物。镇馆之宝为海伦娜闪蝶，被称为世界上最美的蝴蝶。标本每只价值 36 万元，在我国仅有 3 只（图 13-8）。

图 13-7　仿真昆虫模型

图 13-8　蝴蝶标本

13.5　海南蝴蝶谷

　　海南蝴蝶谷位于亚龙湾大小龙潭湖的后部，占地面积约1.5万 m²，是国家4A级景区。这里是中国迄今为止第一个且面积最大的网式蝴蝶园，于1997年10月26日落成。蝴蝶谷地处热带半落叶季雨林，植被丰富，珍贵的龙血树、眼镜豆、黑格等热带植物密布，其中许多是天然的蝴蝶寄主。在原始幽深的热带丛林之间，三面环山，一条清澈的溪流贯穿谷底，谷内自然生长着成千上万只色彩艳丽的彩蝶，由于其优良的生态环境，加上合理的人工改造，蝴蝶谷已成为世界上人类与自然结合得最完美的蝴蝶园之一（图13-9）。

　　蝴蝶谷按蝴蝶形态设计了5个展厅，谷内有大型网式蝴蝶园、蝴蝶生态观赏园、标本展览馆、蝴蝶繁殖园和以蝴蝶文化商品为主的购物中心及工艺品制作室。

图13-9　海南蝴蝶谷

13.6　西北农林科技大学博览园

　　西北农林科技大学博览园是国内首家且面积最大的一个农业科技主题博物馆组群，占地8.7万 m²，建有昆虫博物馆、动物博物馆、土壤博物馆、植物博物馆、中国农业历史博物馆五个专业博物馆展馆，展览面积达1.6万 m²（图13-10、图13-11和图13-12）。

　　昆虫博物馆是目前全球展览面积最大、展品最为丰富的昆虫专题博物馆，基本陈列包括生态区、5个展厅（昆虫生命厅、昆虫家族厅、昆虫与人类厅、昆虫学家周尧教授厅、昆虫文化厅）和蝴蝶园。博物馆内世界名蝶展区展出了世界上最珍贵的光明女神蝶、巴西国蝶太阳闪蝶、中国国蝶金斑喙凤蝶、马来西亚国蝶翠叶红颈凤蝶等数千只珍稀蝴蝶。

蝴蝶园是昆虫馆的室外展示部分，占地面积3 300m²，为大型网室结构，园内种植有蝴蝶喜访的开花植物和寄主植物，5—10月园内鲜花烂漫、蝴蝶飞舞，游人与蝴蝶交错园中，让人流连忘返。

图13-10　西北农林科技大学博览园（1）　　图13-11　西北农林科技大学博览园（2）

图13-12　西北农林科技大学博览园（3）

13.7　南京市科教蝴蝶博物馆

南京市科教蝴蝶博物馆坐落于南京市青少年宫科技园内，建于1989年9月。科普教育是该馆的主要功能。创建初期的藏品主要由蝶学家张松奎、赵爱玲夫妇无偿提供，馆名由著名蝶学家李传隆先生题写，馆徽标志为中国名蝶——中华虎凤蝶。该馆现有面积620m²，展出中外蝴蝶标本千余种，其中包括172种世界级名蝶以及所有中国国家级名蝶。全馆共分为6个部分，即展览厅、蝴蝶园、藏品室、研究室、科普教学室、蝶友俱乐部。

展览厅所陈列的展品用于对参观者，特别是青少年进行科普和美学教育，介绍我国蝴蝶资源在教育、观赏、经济等方面开发利用的现状和成就。馆中还备有制作蝴蝶标本和蝶艺品的材料，供中小学生参观时亲自动手制作。

蝴蝶园通过对蝴蝶的饲养、观察、拍摄，使参观者进一步了解蝴蝶奇妙的一生，认识蝴蝶与植物、环境保护的关系。藏品室按地区，分科、属、种收藏中外蝴蝶标本和其他蝶艺品，供本馆专职工作人员研究之用。研究室以中国蝴蝶资源的保护和开发、中国蝴蝶区系分区、中国特有属种的分布和中国蝶文化艺术等为主要课题，现已出版的主要著作有：《蝴蝶世界》《中国蝶类志》（合著）、《蝴蝶世界的奥秘》和《南京蝴蝶名录》等著作。

蝶友俱乐部为各大中小学的生物、自然老师和喜爱蝴蝶的学生提供一个互相学习、交流蝶学及收藏知识、交换标本的场所。科教蝴蝶博物馆藏有很多世界级珍稀蝶种，存有独特的蝴蝶贴画。以寓教于乐的教学形式，充分发挥思想教育和科学普及休闲功能，努力体现"蝴蝶世界"的自然博物馆特色。

13.8 中国·红河蝴蝶谷

中国·红河蝴蝶谷位于云南省红河哈尼族彝族自治州金平县马鞍底乡境内，这里森林密布、山高谷深、云海壮丽、瀑布秀美，与越南以地上裂缝为界。原始自然的生态环境和植物的多样，为蝴蝶的繁衍提供了良好的寄主条件，成就了中国·红河蝴蝶谷。谷内有箭环蝶、凤眼蝶、枯叶蛱蝶、白带锯蛱蝶、褐钩凤蝶、喙凤蝶、紫斑环蝶、美凤蝶等种类，共11科400余种。从品种上看，箭环蝶的数量最为庞大。每年5月底6月初，箭环蝶大量集中暴发，数量多达上亿只，山谷中、竹林里、溪流边甚至公路旁、酒席上，到处可见翩翩飞舞的蝴蝶，形成一道亮丽的自然奇观（图13-13）。

图13-13 箭环蝶聚会

14 北京地区观蝶地点介绍

北京地处华北北部，西部、北部和东北部三面环山，东南部为一片缓缓向渤海倾斜的平原。北京属于典型的暖温带半湿润大陆性季风气候，夏季高温多雨，冬季寒冷干燥，春、秋短。特殊的地形和气候孕育了特殊的生物多样性。随着平原造林工程、郊野公园建设工程、农业生态园工程等工作的逐年推进，北京地区森林覆盖率已达43.5%，公园绿地大幅度增加，村边路旁景色更加宜人。各类花竞相绽放时，蝴蝶前来翩翩起舞，给美丽的景色平添许多灵气。此外，北京还建设有一定规模的蝴蝶专题生态园。本章介绍了一些专题园和野外最佳的赏蝶之处，供读者参考。

14.1 花露蝴蝶园

北京花露蝴蝶园位于门头沟区龙泉务村村北，紧邻109国道，是北京乃至华北地区最早的蝴蝶园，占地约2万m²（图14-1）。花露蝴蝶园依山傍水、植被茂密、生态资源丰富，是广大青少年和科普人士开展生态、科普考察、进行综合实践的理想场所。2007年4月花露蝴蝶园率先成立北京花露蝴蝶养殖专业合作社，108户村民成为合作社的成员，推出蝴蝶观光、蝴蝶翅画制作等文化创意产业，蝴蝶翅画也成为门头沟区新的特色旅游工艺品。

图14-1　花露蝴蝶园

　　北京位于华北平原的西北端，地处海河流域中部，全市总面积16 410km²，山区面积约占62%，平原区面积约占38%。北京地形西北高，东南低。西部为西山属太行山脉；北部和东北部为军都山属燕山山脉。最高山峰为京西门头沟区的东灵山，第二高峰为延庆海坨山。北京境内有5条主要河流，从东到西分布有泃河、潮白河、北运河、永定河、拒马河，分别属海河流域的蓟运河、潮白河、北运河、永定河、大清河五大水系。北京的气候为暖温带半湿润半干旱季风气候，夏季高温多雨，冬季寒冷干燥，春、秋季短促。受气候、地形、水文等多种因素的影响，北京植被种类组成丰富，植被类型复杂多样，并且有明显垂直分布规律。山区主要植被类型为暖温带落叶阔叶林，并间有温性针叶林、灌丛、草甸、草丛，平原区主要为栽培植被。海拔800m以下的低山带主要植物种类为栓皮栎、栎、油松、侧柏、黄栌、荆条。海拔800m以上的中山，森林覆盖率增大，其下部以辽东栎林为主，海拔1 000m至杂草草甸，桦树增多，在森林群落破坏严重的地段，为二色胡枝子、榛属、绣线菊属占优势的灌丛。海拔1 800m以上的山顶生长着山地杂类草草甸。受寄主分布的影响，蝴蝶分布也具有明显地域特点。

14.2.1 农业生态园观蝶区

　　随着各类农业生态园的兴起，在园区内种植有大量观赏类及蜜源性植物，如柳叶马鞭草、松果菊、金莲花以及多种唇形科植物和景天科植物，均可以吸引大量常见蝴蝶访花栖息。在蝴蝶发生盛期，万花竞放，千蝶戏花，这些园区既可以让人们赏花，同时也可以让人们近距离观察蝴蝶。目前，延庆、密云、怀柔、房山等远郊区都分布有大量的农业生态景观类园区（图14-2至图14-8）。

图14-2　怀柔喇叭沟门喜鹊登科农业园

图14-3　密云人家花海

图14-4　延庆千家店花海（柳叶马鞭草）

图14-5　延庆千家店花海（百日草）

图14-6　延庆旧县东龙湾菊花种植基地

图14-7　延庆旧县东龙湾基地棚间点缀

图14-8　北京市植物保护站科技展示基地景观作物

14.2.2　山区观蝶地点

北京众多的山区旅游景点也是非常有名的观蝶地点，位于远郊区的有门头沟的东灵山、延庆的松山、密云的雾灵山等。

灵山位于北京市门头沟区与河北涿鹿交界处，东灵山位于北京境内，最高海拔2 303m，包含低海拔、中海拔、高海拔等不同地理区域，有森林、灌木、草甸、河谷、溪流等多种生境，生物多样性非常丰富（图14-9和图

14-10）。近些年来，随着旅游活动的增多，环境破坏日益严重，近年来很多蝶友反映灵山地区蝴蝶种类和数量锐减。2017年，北京市决定关闭灵山景区，开始休养生息。

海坨山位于延庆区张山营镇北部与河北赤城县交界处（图14-11和图14-12），有大海坨、小海坨、三海坨3个高峰，其中大海坨最高，海拔2 241m，为北京第二高峰，延庆区第一高峰。受海拔高度差异影响，植物垂直分布明显，海拔1 500m以下为落叶、阔叶林带，海拔1 500～1 800m为针阔混交林带，海拔1 800～2 000m为寒温带针叶林带，海拔2 000m以上为亚高山灌丛、草甸带。另外，由于局部降水丰富，夏季常常出现"海坨飞雨"，冬季形成"海坨戴雪"。核心区植被覆盖率达到80%以上，原始林相保存较好，多样的生态环境孕育了丰富而珍贵的物种资源。

雾灵山自然保护区分清凉界景区、仙人塔景区、五龙头景区和龙潭景区四大景区（图14-13和图14-14），同时有北门、南门和西门三大山门，其中西门是1998年由雾灵山国家级自然保护区与密云区曹家路村合作开发而成，西门直通雾灵山的龙潭景区，大家可以从密云界内的西门进入灵山，

图14-9　东灵山（1）（摄影：K3NT）

图14-10　东灵山（2）（摄影：K3NT）

图14-11　海坨山（1）（摄影：K3NT）

图14-12　海坨山（2）（摄影：K3NT）

所以就误认为灵山属于北京密云，其实雾灵山景区归河北雾灵山国家级自然保护区所有。雾灵山森林覆盖率高达93％，主峰海拔2 118m，属温带大陆季风性山地气候，具有雨热同季、冬长夏短、四季分明、夏季凉爽、昼夜温差大的特征，经常出现"山下飘桃花，山上飞雪花""山下阴雨连绵，山上阳光明媚""一山有三季"等现象。

　　除了上面重点描述的观蝶地点以外，延庆海坨山南麓的松山和燕山天池、门头沟京西古道、海淀的百望山和鹫峰等也都是较好的观蝶地点（图14-15至图14-18）。

图14-13　雾灵山（1）

图14-14　雾灵山（2）

图14-15　延庆松山（1）

图14-16　延庆松山（2）

图14-17　门头沟京西古道

图14-18　延庆燕山天池

高静静, 周雪松, 李育武, 等, 2017. 中国蝴蝶的研究现状及发展前景 [J]. 绿色科技 (4): 20-23.

黄灏, 张巍巍, 2008. 常见蝴蝶野外识别手册 [M]. 重庆: 重庆大学出版社.

唐宇翀, 2013. 蝴蝶觅食过程中的嗅觉和视觉行为反应研究 [D]. 北京: 中国林业科学研究院.

唐宇翀, 陈晓鸣, 周成理, 2014. 挥发性化合物对枯叶蛱蝶觅食的引诱作用 [J]. 应用昆虫学报, 51(5):1327-1335.

李承哲, 2017. 基于蝴蝶成虫行为学的两性求偶识别机制及蝴蝶飞舞景观构建 [D]. 北京: 中国林业科学研究院.

张建民, 李传仁, 王文凯, 等, 2008. 蝴蝶文化趣谈 [J]. 昆虫知识, 45(2) :340-344.

张如力, 2002. 甘肃省绢蝶科 Parnassiidae(Lepidoptera) 的研究 [D]. 甘肃: 甘肃农业大学.

张亚玲, 王保海, 2016. 青藏高原昆虫地理分布 [M]. 郑州: 河南科学技术出版社.

周爱明, 马鹏鹏, 席天宇, 等, 2017. 基于深度学习的蝴蝶科级标本图像自动识别 [J]. 昆虫学报, 6(11) : 1339-1348.

周成理, 史军义, 易传辉, 等, 2005. 枯叶蛱蝶 Kallimainachus 的生物学研究 [J]. 四川动物, 24(4):445-451.

周尧, 1998. 中国蝴蝶分类与鉴定 [M]. 郑州: 河南科学技术出版社.

周尧, 1999. 中国蝴蝶原色图鉴 [M]. 郑州: 河南科学技术出版社.

周尧, 2000. 中国蝶类志 (修订本) [M]. 郑州: 河南科学技术出版社.

周尧, 袁锋, 陈丽珍, 2004. 世界名蝶鉴赏图谱 [M]. 郑州: 河南科学技术出版社.

周尧, 张传诗, 2001. 中国蝴蝶新种, 新亚种及新记录种 (Ⅴ)(鳞翅目 : 眼蝶科)[J]. 昆虫分类学报, 23(3) : 201-217.

寿建新, 2008. 我国最小蝶种的发现过程 [J]. 大自然 (5):50-51.

寿建新, 2010. 蝴蝶分类系统及最新数据 [J]. 西安文理学院学报 (自然科学版), 13(3) :91-102

寿建新, 2011. 蝴蝶分类综述及展望 [J]. 西安文理学院学报 (自然科学版), 14:19-25.

寿建新, 2012. 崭新蝴蝶分类之研究——中国蝴蝶研究最新成果 [J]. 西安文理学院学报 (自然科学版), 15(3) :26-32.

寿建新, 2014. 国内外蝴蝶分类认识总结 [J]. 西安文理学院学报 (自然科学版), 17(4) :21-27.

寿建新, 周尧, 李宇飞, 2006. 世界蝴蝶分类名录 [M]. 西安: 陕西科学技术出版社.

杨宏, 王春浩, 禹平, 1994. 北京蝶类原色图鉴[M]. 上海: 科学技术文献出版社.

王翻艳, 2015. 大帛斑蝶成虫行为学观察及其求偶机制研究[D]. 北京: 中国林业科学研究院.

王佳宝, 2009. 蝴蝶意象与中华民族审美文化心理[J]. 云南开放大学学报, 11(2):36-41.

王敏, 范骁凌, 2002. 中国灰蝶志[M]. 郑州: 河南科学技术出版.

王治国, 1990. 河南蝶类志[M]. 郑州: 河南科技出版社.

武春生, 2000. 中国动物志昆虫纲第25卷鳞翅目凤蝶科[M]. 北京: 科学出版社.

武春生, 2010. 中国动物志昆虫纲第52卷鳞翅目粉蝶科[M]. 北京: 科学出版社.

武春生, 徐堉峰, 2017. 中国蝴蝶图鉴(全4册)[M]. 福州: 海峡书局.

DEVRIES P J, 1988. Stratification of fruit-feeding nymphalid butterflies in a Costa Rican rainforest[J]. Journal of Research on the Lepidoptera , 26(1/4): 98-108.

DEVRIES P J, MURRAY D, LANDE R , 1997. Species diversity in vertical, horizontal, and temporal dimensions of a fruit-feeding butterfly community in an Ecuadorian rainforest[J]. Biological Journal of the Linnean Society, 62(3): 343-364.

DEVRIES P J, WALLA T R, 2001. Species diversity and community structure in neotropical fruit-feeding butterflies[J]. Biological Journal of the Linnean Society, 74(1): 1-15.

FISCHER K, O' BRIEN D M, BOGGS C L , 2004. Allocation of larval and adult resources to reproduction in a fruit-feeding butterfly[J]. Functional Ecology, 18(5): 656-663.

KAWAHARA A Y, PLOTKIN D, HAMILTON C A, et al. , 2017. Diel behavior in moths and butterflies: a synthesis of data illuminates the evolution of temporal activity[J]. Organisms Diversity & Evolution, 18 (1): 13-27.

MOLLEMAN F, ALPHEN M E V, BRAKEFIELD P M, et al. , 2005. Preferences and Food Quality of Fruit-Feeding Butterflies in Kibale Forest, Uganda[J]. Biotropica, 37(4): 657-663.

ÔMURA H, HONDA K , 2009. Behavioral and electroantennographic responsiveness of adult butterflies of six nymphalid species to food-derived volatiles[J]. Chemoecology, 19(4): 227-234.

ÔMURA H, HONDA K, HAYASHI N, 2000. Identification of feeding attractants in oak sap for adults of two nymphalid butterflies, Kaniska canace and Vanessa indica[J]. Physiological Entomology, 25(3): 281-287.

SCOBLE M J, 1986. The structure and affinities of the Hedyloidea: A new concept of the butterflies[J]. Journal of the national science foundation of srilanka, 53 (1):251-286.

致谢

　　经过几年的努力，《北京蝴蝶观赏手册》终于正式出版了，全书共20多万字，图片近500幅，凝聚了很多人的心血。在此，第一，要感谢合作者吴洪安先生，他是一位资深的蝴蝶爱好者，他牺牲自己的业余时间跑遍了延庆及周边地区的山山水水，采集到大量的蝴蝶标本并精心进行整理，这是本书最重要的资源。第二，要感谢合作者贾方先生，本书许多蝴蝶生态照都是他辛苦获得的。第三，非常感谢中国农业科学院植物保护研究所和河南农业大学、河南科技大学、北京农学院、北方学院、长江大学等诸多高校的植物保护学院在派遣实习生方面给予的大力支持，他们帮助查阅资料、整理文字，加快本书的成稿过程。第三，特别感谢延庆区植物保护站和北京绿富隆农业科技发展有限公司，他们在延庆昆虫雷达监测点建设给予了大力支持，雷达监测工作的持续开展也为本书积累了很多资料。第四，图书成稿过程中，昆虫分类研究群（85931581）、蝴蝶野采收藏群（378373686）、北京昆虫生态爱好者（271329481）的群友给予了诸多帮助。第五，特别感谢中国林业科学研究院张永安研究员，他是我本科毕业实习的导师，有求必应，提供了珍贵的生态照片，还要感谢K3NT提供的生境照片。最后要特别感谢北京市植物保护站给予了经费保障。感谢读者阅读这本书。在此呼吁大家一定要本着多看少捕的原则，努力为蝴蝶保护作出贡献。

图书在版编目（CIP）数据

北京蝴蝶观赏手册/张智等主编．—北京：中国
农业出版社，2022.1
ISBN 978-7-109-29340-3

Ⅰ.①北…　Ⅱ.①张…　Ⅲ.①蝶-介绍-北京-手册
Ⅳ.①Q969.42-62

中国版本图书馆CIP数据核字（2022）第066102号

中国农业出版社出版
地址：北京市朝阳区麦子店街18号楼
邮编：100125
责任编辑：魏兆猛　文字编辑：杨　爽
版式设计：王　晨　责任校对：沙凯霖　责任印制：王　宏
印刷：北京通州皇家印刷厂
版次：2022年1月第1版
印次：2022年1月北京第1次印刷
发行：新华书店北京发行所
开本：700mm×1000mm　1/16
印张：13.5
字数：215千字
定价：150.00元